电力生产过程虚拟仿真实验教学丛书

武汉大学规划特色教材

自动控制原理远程虚拟仿真实验教程

主　编　周　洪

副主编　胡文山　雷忠诚　郭爱文

图书在版编目(CIP)数据

自动控制原理远程虚拟仿真实验教程/周洪主编.—武汉：武汉大学出版社,2019.8

电力生产过程虚拟仿真实验教学丛书

ISBN 978-7-307-21057-8

Ⅰ.自… Ⅱ.周… Ⅲ.①自动控制理论—教材 ②自动控制系统—仿真系统—实验—教材 Ⅳ.①TP13 ②TP273-33

中国版本图书馆 CIP 数据核字(2019)第 152170 号

责任编辑:胡　艳　　责任校对:汪欣怡　　版式设计:韩闻锦

出版发行：**武汉大学出版社** （430072 武昌 珞珈山）

（电子邮箱：cbs22@ whu.edu.cn 网址：www.wdp. com.cn）

印刷:湖北金海印务有限公司

开本:787×1092 1/16 印张:9.25 字数:219 千字 插页:1

版次:2019 年 8 月第 1 版 2019 年 8 月第 1 次印刷

ISBN 978-7-307-21057-8 定价:30.00 元

序

随着我国电力事业的不断发展和科学技术的不断进步，电力能源综合开发与利用是我国可持续发展的重要战略方向，关系到政治、经济、社会以及生态环境可持续发展等诸多方面。在目前和今后相当长的一段时间内，发展电力能源仍然是改善我国能源资源结构、促进经济发展的主要国策。

目前，我国电力工业已进入大电网、高电压、远距离、高参数的时代，迅速发展的同时，也给电力系统的安全稳定运行带来了新的、更多的问题和挑战；而且，电力行业是高危险行业，电力生产是非常复杂的系统工程，这决定了电力生产过程中存在高风险，这些风险是导致人身、电网及电力设备出现事故的源头。如核电站发电过程中，反应堆不管在运行中或停闭后，都有很强的放射性，对人身安全产生威胁。核电专业相关实验会产生放射性物质，属于高危性质，在学校不可能建立实体实验台。另外，电力工业资金和技术高度集中，生产设备非常昂贵，其运行参数几乎达到极致，模拟其生产过程的实验教学成本极高，资源消耗巨大，而且有可能造成恶性环境污染。因此，建立虚拟仿真实验室是电力学科群实验教学的一种新的有效的解决方法。

电力生产过程国家级虚拟仿真实验教学中心是 2014 年教育部批准的首批国家级虚拟仿真中心。中心将最新的计算机技术、仿真技术、虚拟现实技术与电力工业的核电、水电、火电和发配电结合起来，完成了自动控制原理方向的远程和虚拟仿真实验建设，实施了水电、火电和核电虚拟实验平台的开发。

本丛书是电力生产过程国家级虚拟仿真实验教学中心的最新成果，覆盖火电、水电、核电和控制等学科，将虚拟仿真实验科学合理地运用于传统实验教学中，运用虚拟实验强大的网络功能来进行远程实验，实现了电力生产虚拟仿真实验的大范围共享，将大大促进实验课程的远程教学和电力生产学科群实验教学的发展。

周　洪

2019 年 6 月

前　言

近些年兴起的慕课(MOOC)，利用互联网广泛传播了全世界名校名师的课程，掀起了一场教学理念的革命。但是对于理工科教学来说，实验操作是除授课以外的另一个重要环节，是关系到教学质量的一个重要因素。由于实验仪器大都集中在大专院校和科研院所中，在实验环节，在线教学的方法就显得无能为力了，这是制约在线教学进一步发展的一个短板。

近年来，随着计算机技术、网络技术和虚拟现实技术的飞速发展，远程实验和虚拟实验成为弥补这一短板的新的方案。远程实验是指通过互联网，远程访问实际实验设备，从而进行实验。虚拟实验是指利用网络技术，开发网上虚拟实验室，供实验用，没有实际的实验设备。这两种实验与传统实验区别之处在于，它不要求实验者身边有任何实验设备，只要通过互联网就可以进行实验。

远程实验和虚拟实验与远程教学相得益彰，形成了对传统教学和实验的补充，为不同地区、不同职业的人提供了更多的选择，促进了知识的传播与科学知识的普及。通过在线实验的方式，实现仪器和设备的共享，达到节省资金、时间、空间和维护成本的目的。有些实践环节，不允许现场操作，或者根本不允许操作，可能是因为时间、经济上不划算，或技术上不可行，甚至会带来严重的后果，例如要了解汽轮机内部结构，拆解汽轮机在时间上和经济上是不划算的；大坝溃堤和核泄漏，都不能实际操作。但是可以用虚拟实验的方式直观、准确地模拟这些实验(事件)，不需要真实事件的发生，同时还能共享实验资源，供更多人使用。

网络化控制系统实验室(NCSLab)2006年起源于英国南威尔士大学，它基于因特网，集合了位于世界各地的控制系统实验平台及设备。目前已在英国和我国各大高校(如清华大学、哈尔滨工业大学、武汉大学)中广泛使用。

武汉大学 NCSLab 3D 是在原来 NCSLab 基础上发展而来的三维可视化远程虚拟实验室。目前使用了最新的 HTML5 技术。它的模块化设计理念极大地方便了新技术的应用。

本书详细介绍了自动化专业“自动控制原理”课程的远程和虚拟实验内容。全书分为三个部分，第一部分由浅入深地介绍了自动控制原理 12 个基本和综合实验，第二部分和第三部分为仿真实验教学中心的技术说明书和操作手册。实验依托电力生产过程国家级虚拟仿真实验教学中心实验资源，包括网站 www. powersim. whu. edu. cn、中心的真实和虚拟实验设备、软件以及演示平台。目前本书适用于高等学校自动化相关的学科专业包括自动化、机械设计制造及其自动化、能源动力系统及其自动化、电气工程及其自动化等，具体涉及的课程包括“自动控制原理”“控制理论”“系统辨识”及相关的实验课程。本书可以为学生实验的顺利进行提供良好的指导。

编　者

2019 年 8 月

目　　录

第一部分　实验指导书

第二部分　技术说明书

第三部分　中心操作手册

第一部分　实验指导书

实验一　学习使用远程实验平台进行自动控制原理实验

一、实验目的

(1)学习远程实验平台 NCSLab，掌握使用此平台进行自动控制原理实验的方法。

(2)通过远程实验开环风扇速度控制系统，从感性上认识开环控制的优点和局限性。

二、实验内容

(1)了解 NCSLab 远程实验平台。

(2)在 NCSLab(www.powersim.whu.edu.cn/ncslab)的网站上注册自己的账号。

(3)使用 NCSLab 进行风扇控制系统的开环控制实验。

三、实验原理

1. NCSLab 远程实验平台

网络化控制系统实验室(NCSLab)于 2006 年 11 月 5 日由英国南威尔士大学(University of South Wales)创建。它基于因特网，集合了位于世界各地的控制系统实验平台及设备。在网络化控制系统实验室中，多种经典控制、现代控制、先进控制等实时控制实验都可以通过因特网远程进行。

学生可以随时随地使用浏览器来远程控制实验室内的设备，不需要前往实验室。各个学校的实验设备也可以通过远程实验平台进行共享。

具体信息参见 http://www.powersim.whu.edu.cn/ncslab。

2. 风扇控制系统原理

风扇控制系统放置在电力生产过程国家级虚拟仿真教学中心的实验室中，如图 1.1 所示。它已经连入 NCSLab 网络控制平台，允许学生使用 Internet 进行远程访问。

它的原理如图 1.2 所示。使用控制器在风扇上施加电压，就能驱动风扇转动。通过测量风扇叶片转动的频率，就可以得到风扇的转速。在控制器上使用反馈控制算法，就

图 1.1　实体的风扇控制系统

可以将风扇调节到所需的转速。

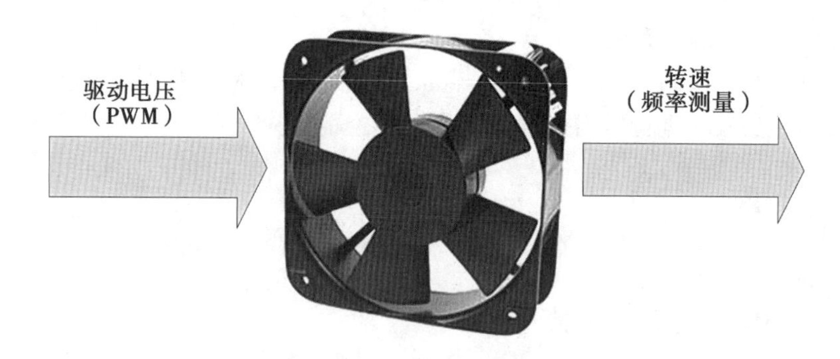

图 1.2　风扇系统的原理

3. 风扇控制系统的开环控制实验

通过在风扇上施加驱动电压，使得风扇旋转。在相同的工况下，各种不同的电压值对应各自不同的转速。原理框图如图 1.3 所示。

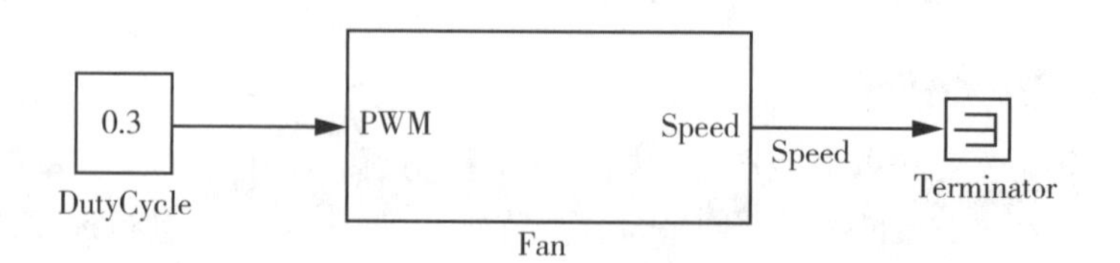

图 1.3　风扇系统开环控制的原理

四、实验步骤

(1)登录 NCSLab 远程实验平台的网站，注册获得自己的实验账号。

①进入 NCSLab 的网站。打开电脑浏览器(IE11、Firefox 或者 Chrome)，登录 http：//www. powersim. whu. edu. cn/ncslab，得到如图 1.4 所示的主界面。

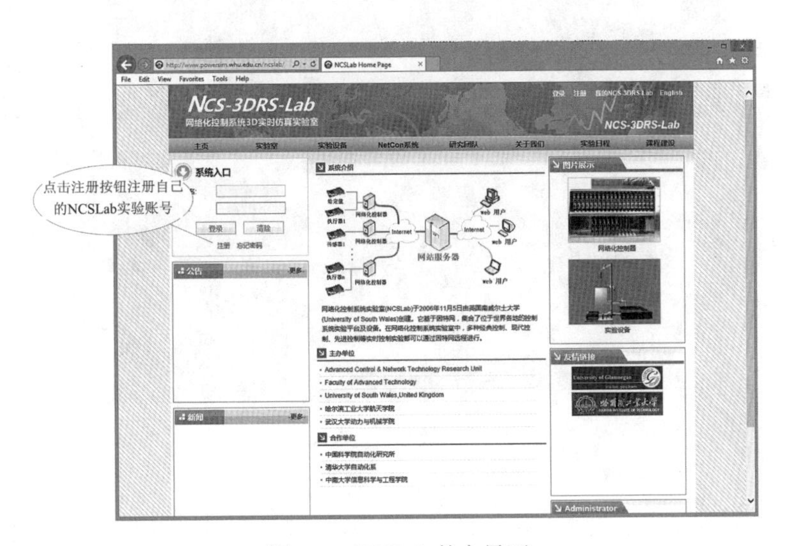

图 1.4　NCSLab 的主界面

②获得自己的 NCSLab 账号。在主界面上点击“注册”按钮，进入注册界面，如图 1.5 所示。依次输入自己的个人信息，点击“注册”，完成注册过程，如图 1.5 所示。

图 1.5　NCSLab 账号注册界面

(2)使用 NCSLab 平台，进行开环风扇控制系统的远程实验。

①在 NCSLab 主界面上输入自己的账号和密码，进入 NCSLab 的实验界面，如图 1.6 所示。在风扇控制实验室内，一共有五台风扇控制系统可供使用，可以选择其中任何一台进行实验。

图 1.6　NCSLab 主界面

②选中风扇控制系统之后，进入如图 1.7 所示的界面。如果想要进行实验，首先要获得系统的控制权。只有获得系统控制权，才可以选择远程下载实验算法或者远程调节实验参数。如果没有系统控制权，则只能观察实验数据。

图 1.7　风扇控制实验主界面

③点击“申请控制权”按钮(如图 1.7 所示)，获得 30 分钟系统的控制权，这样就可以继续进行实验了。如果此时有其他用户正在进行实验，则需要等待，系统会提示预计

等待时间。

④在获得系统控制权后，点击“实验算法”，进入实验算法选择界面，如图 1.8 所示。一共有两种实验算法可供选择：一种是闭环的 PI 控制(PI Control)，另一种是开环控制(OpenLoop)。

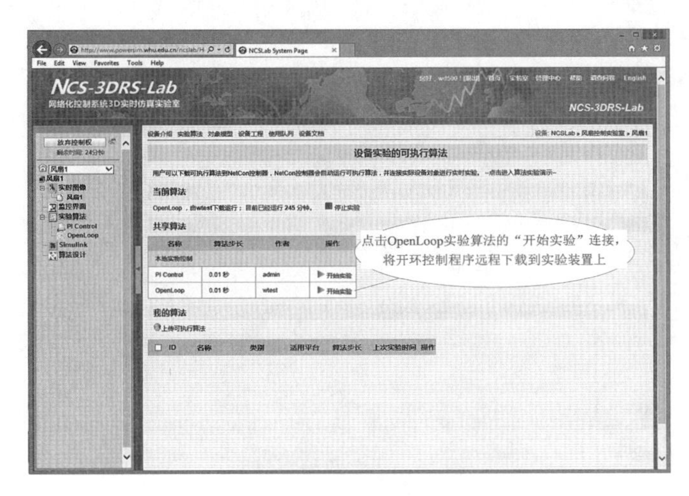

图 1.8　控制算法选择界面

⑤点击 OpenLoop 实验算法的“开始实验”，将开环控制程序远程下载到实验装置上。远程实验正式开始，现在可以远程观察实验数据了。

⑥点击“新建监控组态”链接，如图 1.9 所示，在弹出窗口中建立组态界面，远程观察实验状态，修改实验参数。

⑦弹出的窗口如图 1.10 所示。在工具栏中点选“数字输入框”“趋势图”和“实时视频”按钮，获得这三种控件，并将它们拉到合适的位置。

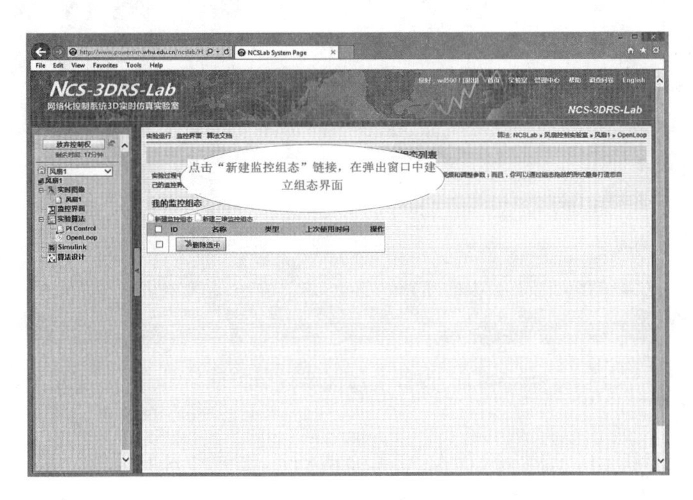

图 1.9　新建组态界面

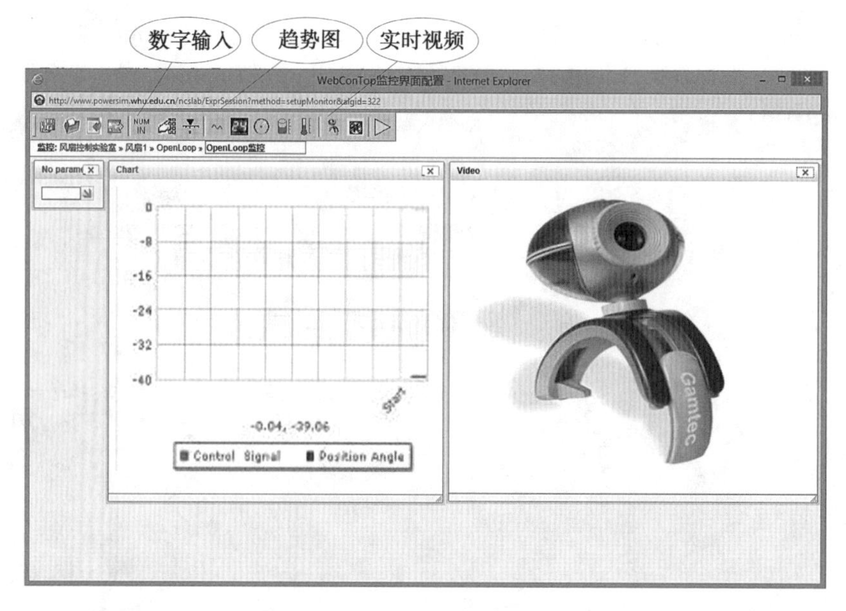

图 1.10　实验组态界面

⑧双击各个控件，为各个控件选择相关联的参数或信号。在“数字输入”控件中选择“DutyCycle”这个参数。在“趋势图”控件中选择“Speed”这个信号。如图 1.11 所示。

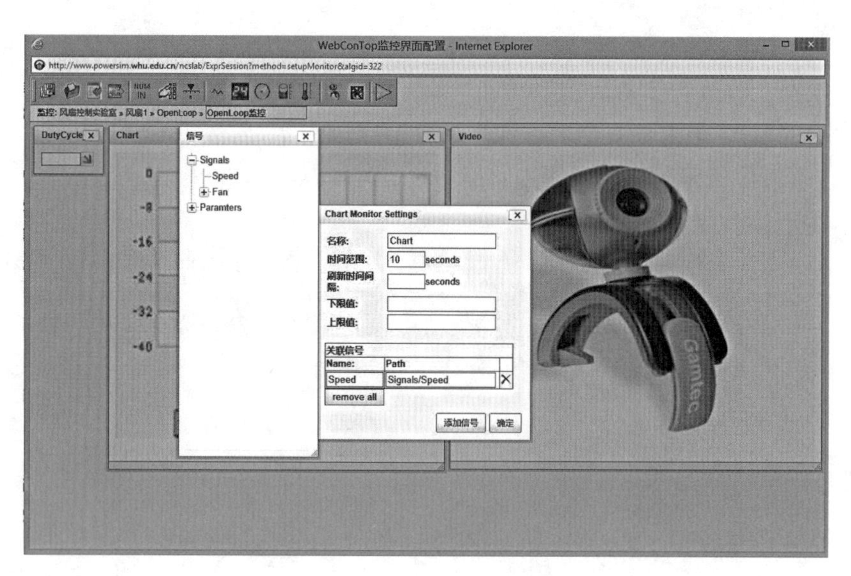

图 1.11　为各个控件选择参数或信号

⑨点击“运行”按钮，开始远程监控实验进行，如图 1.12 所示。

⑩在“数字输入”控件中分别输入 0.2，0.3，0.4，0.5，0.6，0.7，0.8 的占空比，

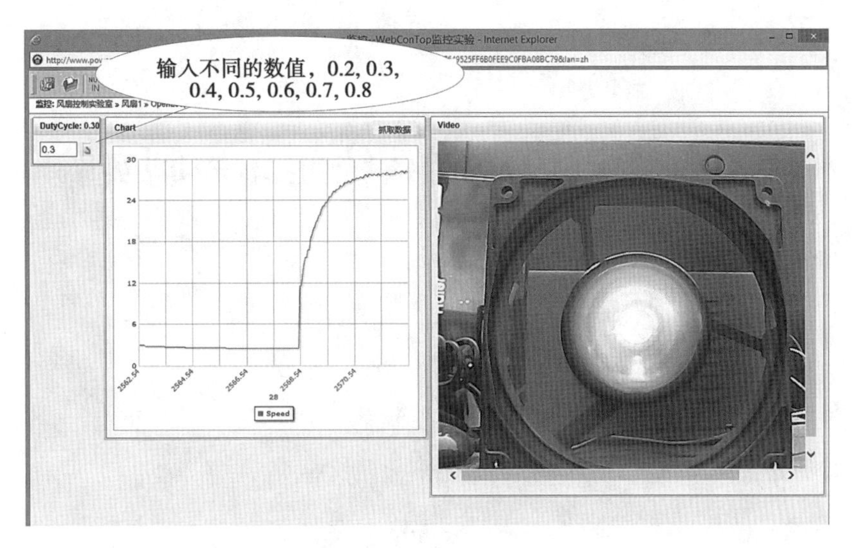

图 1.12 远程实验监控

观察“趋势图”控件中的系统输出，将稳态值记录到表 1-1 中。

表 1-1

占空比	风扇转速
0.2	
0.3	
……	
0.8	

五、思考题

(1)如果我们想把风扇转速调整到 50，应该怎样使用开环控制实现这个目标？

(2)通过这次实验，认识到开环控制有什么局限性？

六、实验报告

(1)需要将实验过程中的每一个关键步骤抓图，粘贴到实验报告上。

(2)每一位同学对应一个实验账号，完成一份实验报告，学号、实验报告、实验账号要保持一一对应关系。在实验报告中要标明自己的实验账号。

(3)实验报告中要回答思考题中的问题。(没有标准答案，按照自己的理解回答)

实验二　风扇控制系统闭环控制实验

一、实验目的

(1)通过与开环控制的比较，了解闭环控制系统的特点。

(2)从感性上了解控制参数对控制效果的影响。

二、实验内容

(1)进一步了解 NCSLab 远程实验平台。

(2)使用 NCSLab 进行风扇控制系统的闭环控制实验。

三、实验原理

1. 风扇控制系统原理

风扇控制系统放置在电力生产过程国家级虚拟仿真教学中心的实验室中，如图 2.1 所示。它已经连入 NCSLab 网络控制平台，允许学生使用 Internet 进行远程访问。

图 2.1　风扇控制系统

其原理框图如图 2. 2 所示。使用控制器在风扇上施加电压，就能驱动风扇转动。通过测量风扇叶片转动的频率，就可以得到风扇的转速。在控制器上使用反馈控制算法，就可以将风扇调节到我们需要的转速。

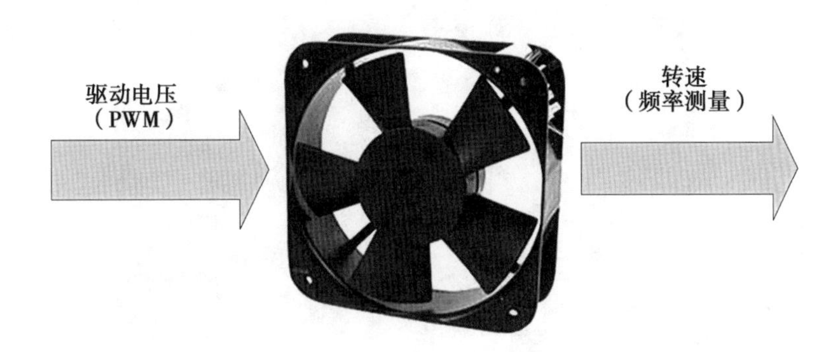

图 2. 2　风扇系统的原理

2. 风扇控制系统的闭环 PID 控制实验

控制算法比较风扇的实际转速与设定转速的差值，通过 PID 控制算法计算实时的控制量(电压或 PWM)。通过不断的比较求差，调整控制量的输出，指导风扇转速达到预期的设定值为止(或者误差小于一定范围)。控制框图如图 2. 3 所示。

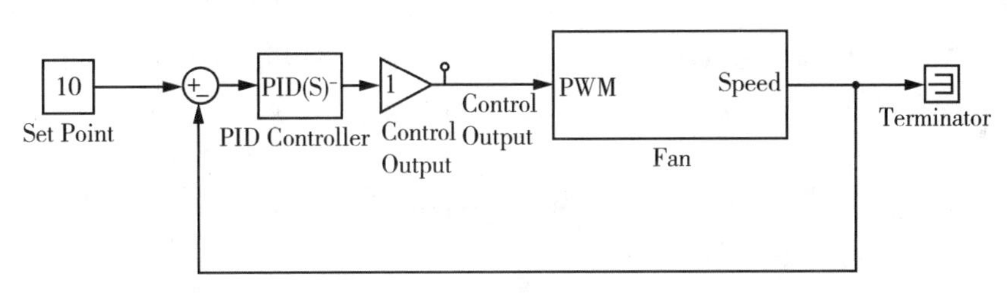

图 2. 3　风扇系统闭环控制的原理

四、实验步骤

(1)使用自己的实验账号登录 NCSLab 网站，找到并且进入风扇控制(风扇 1 或风扇 2)的页面。

(2)在实验算法中找到“PI Control”算法，并且把这个算法下载到远程的控制器中。

(3)点击“新建监控组态”链接，建立如图 2. 4 的组态。拖动 3 个“数字输入框”控件(分别与 Paramters/Set_Point，Paramters/PID_Controller/Proportional_Gain，Paramters/PID_Controller/Integral_Gain 关联)，一个“液晶显示框”控件(与 Signals/Control_Output 关联)，一个“趋势图”控件(与 Paramters/Set_Point 和 Signals/Speed 关联)，一个“实时

视频”控件。

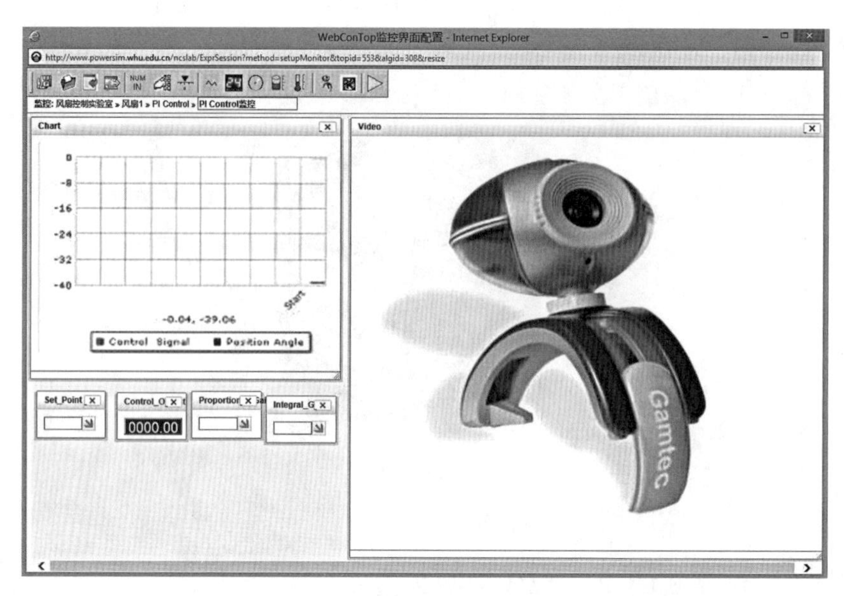

图 2.4 闭环控制组态

(4)点击“运行”按钮，开始实验监控，如图 2.5 所示。

(5)将设定值“Set_Point”从 10 改为 50，观察趋势图上的过渡过程，并且抓图(附在实验报告上)。

(6)将积分参数 Integral_Gain 从 0.1 改为 0，再次将设定值“Set_Point”从 10 改为 50，观察趋势图上的过渡过程，分析为什么会有静差(抓图)。

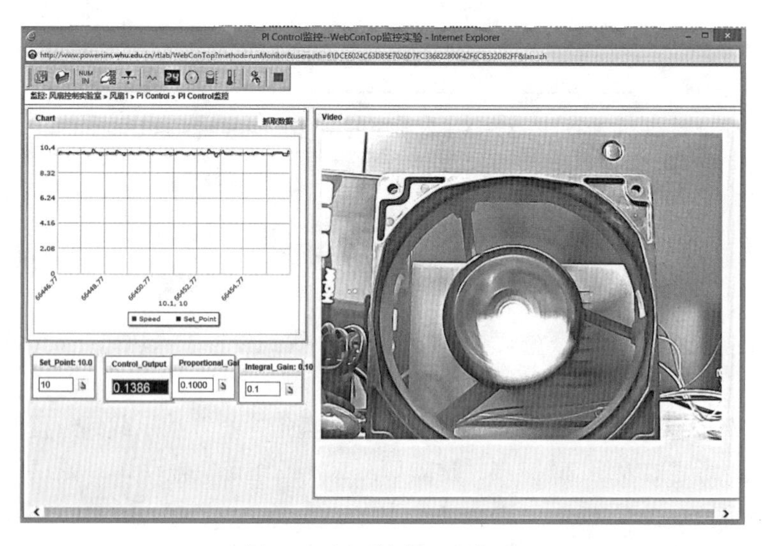

图 2.5 闭环控制远程实验

(7)将积分参数 Integral_Gain 从 0 改为 1，第三次将设定值“Set_Point”从 10 改为 50，观察趋势图上的过渡过程，分析与前两次对比有什么区别(抓图)。

(8)将比例参数 Proportional_Gain 设为 0.01，积分参数 Integral_Gain 保持最初的 0.1，第三次将设定值“Set_Point”从 10 改为 50，观察趋势图上的过渡过程，分析这次有什么特点。

(9)从稳定性，准确性和快速性三个方面定性分析步骤(5)~(8)的四次阶跃实验的曲线，完成表 2-1(可以主观发挥，用文字描述)。

表 2-1

	稳定性	准确性	快速性
5			
6			
7			
8			

(10)自由修改控制参数，体会控制参数对控制效果的影响。

五、思考题

(1)结合本次实验和前一次实验，与开环控制相比，闭环控制有什么优点?

(2)结合本次实验，描述积分项对闭环控制效果的影响。(从稳定性、准确性和快速性三个方面阐述)

六、实验报告

(1)需要将实验过程中的每一个关键步骤抓图，粘贴到实验报告上。

(2)每一位同学对应一个实验账号，完成一份实验报告，学号、实验报告、实验账号要保持一一对应关系。在实验报告中要标明自己的实验账号。

(3)实验报告中要回答思考题中的问题。

实验三　使用 PI 算法进行风扇控制实验

一、实验目的

(1)通过实验了解 PI 算法的具体特性。

(2)了解积分抗饱和算法的原理和使用方法。

二、实验内容

(1)搭建软件平台，使用 Simulink 和 Real-Time Workshop 自动生成可执行算法。

(2)使用 Simulink 搭建 PI 和抗饱和 PI 控制算法的框图，生成对应的控制程序，并且使用远程控制平台 NCSLab 将它们下载到远程的风扇控制系统中运行。

三、实验原理

1. 风扇控制系统原理

风扇控制系统放置在电力生产过程国家级虚拟仿真教学中心的实验室中，如图 3.1 所示。它已经连入 NCSLab 网络控制平台，允许学生使用 Internet 进行远程访问。

图 3.1　风扇控制系统

其原理框图如图 3. 2 所示。使用控制器在风扇上施加电压，就能驱动风扇转动。通过测量风扇叶片转动的频率，就可以得到风扇的转速。在控制器上使用反馈控制算法，就可以将风扇调节到我们需要的转速。

图 3. 2　风扇系统的原理

2. 风扇控制系统的 PI 控制算法

风扇 PI 控制框图如图 3. 3 所示。PI 控制器由比例和积分两部分组成，两部分的计算量通过一个加法器连接起来，共同构成最终的控制量。

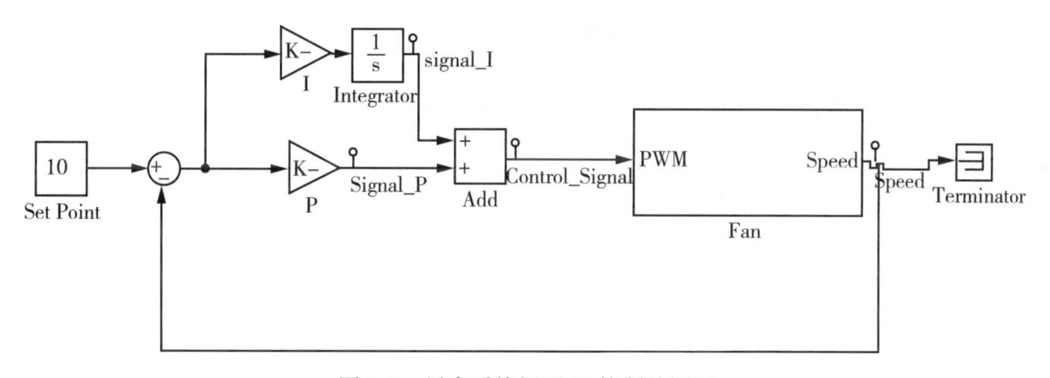

图 3. 3　风扇系统闭环 PI 控制的原理

3. 风扇控制系统的抗饱和 PI 控制算法

风扇抗饱和 PI 控制算法如图 3. 4 所示。当控制量的输出超出饱和范围的时候，就通过一个乘法器关闭系统的积分器，这样就实现了抗饱和的 PI 控制算法。

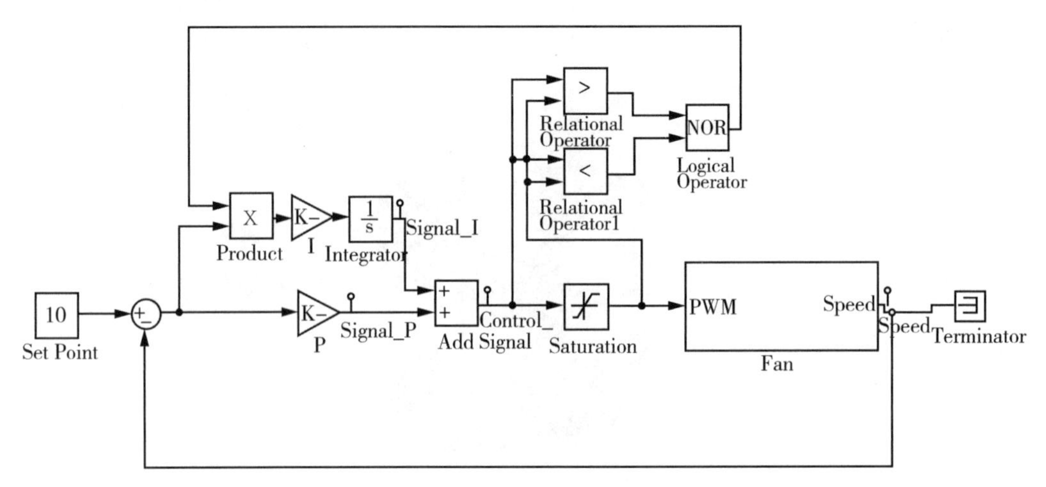

图 3.4 风扇系统抗饱和 PI 控制的原理

四、实验步骤

(1)安装 VMware 虚拟机软件;

(2)将带有 Matlab 和 Visual Studio 的 Win7 虚拟机导入虚拟机软件中;

(3)在虚拟机软件中运行 Win7 系统;

(4)打开虚拟机中的 Matlab 软件，打开 Simulink;

(5)打开 FanTest. mdl，在此基础上修改，建立如图 3.3 所示的 PI 控制框图，其中 P 参数和 I 参数都设为 0.1;

(6)使用 Simulink 生成可执行算法，通过复制粘贴把可执行程序从虚拟机中拷贝出来;

(7)去掉可执行文件的“. exe”后缀，使用自己的账号登录 NCSLab，将算法文件上传到服务器上;

(8)获得系统控制权，将上传算法下载到远程的风扇控制系统中去;

(9)建立组态，如图 3.5 所示。将风扇转速的设定值从 30 调整到 60。

分别观察设定值与实际风扇速度反馈的关系(放在一张趋势图上)，观察控制过程中比例项输出、积分项输出与总控制量之间的关系(放在一张图上)。

(10)将设定值设为 200(饱和状态)，观察积分项是如何饱和的。

(11)将设定值设定到 50，观察风扇的实际速度有什么反应，是否有滞后，为什么会有滞后。

(12)返回到虚拟机，建立如图 3.4 所示的抗饱和 PI 控制的框图，并且生成可执行文件，通过 NCSLab 下载到远程控制器中。

(13)建立和图 3.5 相似的组态，将风扇转速的设定值从 30 调整到 60，观察各个控制量之间的关系。同没有抗积分饱和的算法相比，系统的响应有什么区别。

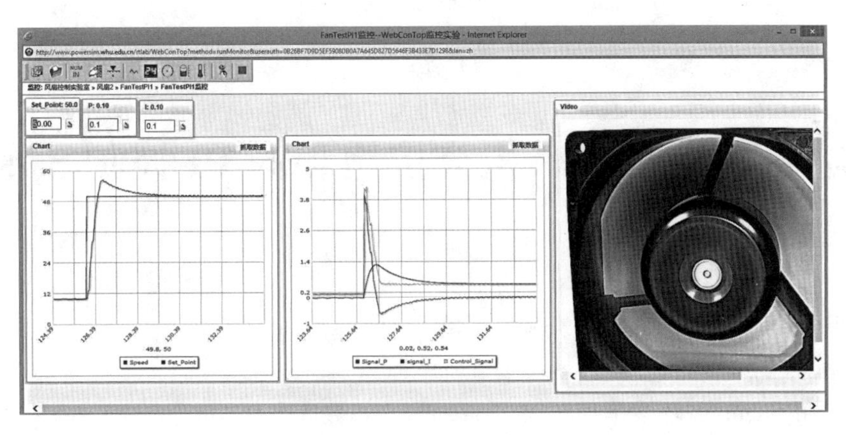

图 3.5　PI 控制组态

(14)将设定值设为 200(饱和状态)，观察积分项是否饱和。

(15)将设定值设定到 50，观察风扇的实际速度有什么反应，是否滞后消失，思考为什么滞后会消失。

五、思考题

(1)结合本次实验的结果，描述图 3.3 的 PI 控制算法的原理。

(2)结合本次实验的结果，描述图 3.4 的抗饱和 PI 控制算法的原理，抗饱和是如何实现的(请结合实验曲线图阐述)。

(3)同样是 P 和 I 均为 0.1 的参数，为什么使用普通 PI 控制和抗饱和 PI 控制算法，系统的响应是不一样的，请结合自己的实验数据阐述(没有标准答案)。

六、实验报告

(1)需要将实验过程中的每一个关键步骤抓图(实验监控画面和 Simulink 框图)，粘贴到实验报告上。

(2)每一位同学对应一个实验账号，完成一份实验报告，学号实验报告、实验账号要保持一一对应关系。在实验报告中要标明自己的实验账号。

(3)实验报告中要回答思考题中的问题。

(4)如果有兴趣，可以自行设计一些其他算法，并且将结果附在实验报告上(酌情加分)。

实验四　编写带有积分抗饱和的 PI 控制 S 函数

一、实验目的

(1) 了解 Simulink 环境下使用 M 语言编写 S 函数的方法。

(2) 使用 S 函数编写带有积分抗饱和的 PI 控制模块。

二、实验内容

(1) 使用 M 语言编写实现积分抗饱和 PI 控制 S 函数。

(2) 使用编写的抗饱和 PI 控制器，在 Simulink 环境下建立仿真框图，实现风扇的速度控制。

三、实验原理

1. 风扇控制系统的数学模型

风扇系统的原理框图如图 4.1 所示。使用控制器在风扇上施加电压，就能驱动风扇转动。通过测量风扇叶片转动的频率，就可以得到风扇的转速。

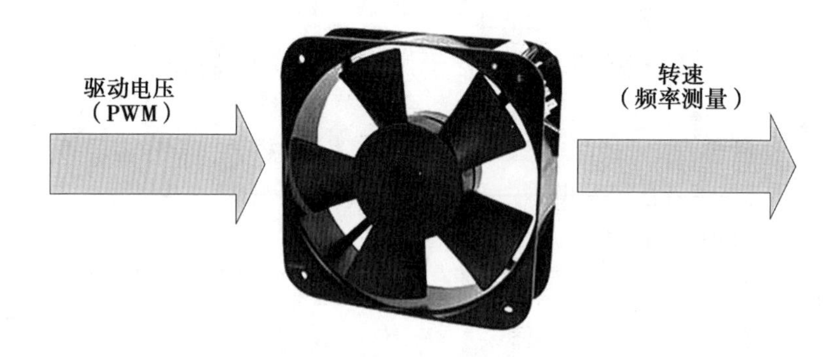

图 4.1　风扇系统的原理

风扇系统可以近似地看作一个一阶惯性环节。它的传递函数可近似辨识为

$$G(s) = \frac{90}{0.8s + 1}$$

因为 PWM 占空比的输入范围在 0. 1~0. 9 之间，因此，在 Simulink 环境下，风扇系统的数学模型可以用图 4. 2 搭建的框图来表示。其中饱和模块的上下限值分别为 0. 9 和 0. 1。

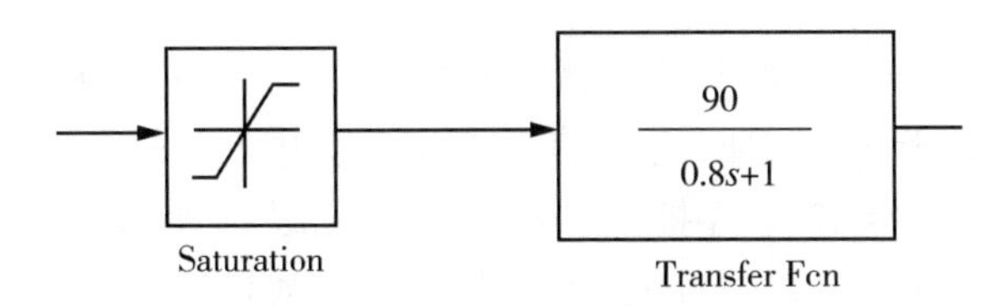

图 4. 2　风扇的数学模型

2. 使用 S 函数实现风扇控制系统的 PI 控制

编写 S 函数 PIM. m，可以实现 PI 控制模块。搭建框图如图 4. 3 所示，则可以实现风扇的 PI 控制。

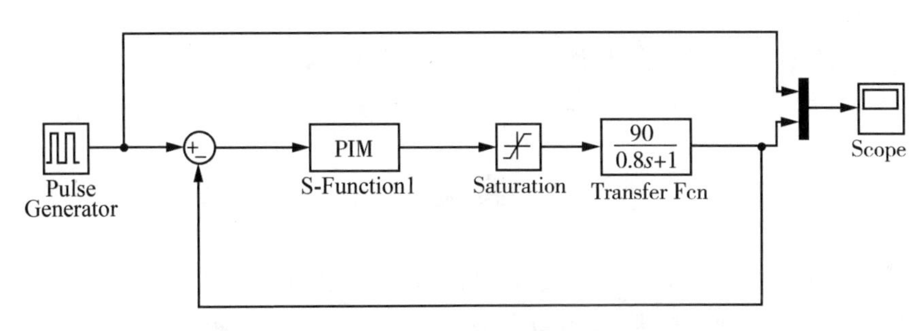

图 4. 3　使用 S 函数实现风扇速度 PI 控制

3. 使用 S 函数实现风扇控制系统积分抗饱和 PI 控制

通过编写积分抗饱和 PI 控制的 S 函数 PIM1. m，搭建如图 4. 4 所示的 Simulink 模型，可以实现带有积分抗饱和的 PI 风扇速度控制。

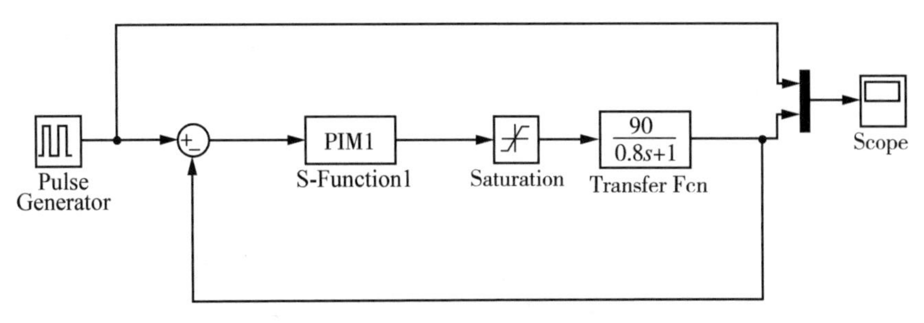

图 4. 4　使用 S 函数实现风扇速度积分抗饱和 PI 控制

四、实验步骤

(1)编写PI控制的S函数PIM. m。

(2)搭建如图4.4所示的风扇PI控制框图，其中S函数的参数分别输入0.1，0.1，表示P和I参数均为0.1。

(3)参考信号采用方波，周期为10秒，占空比50%，幅值100。

(4)进行仿真，并观察响应曲线，是否出现了积分饱和的现象，将响应曲线抓图。

(5)编写带有积分抗饱和的PI控制S函数PIM1. m，替换原S函数PIM. m，S函数的参数分别输入0.1，0.1，0.1，0.9，表示P和I参数均为0.1，积分饱和下限0.1，积分饱和上限0.9。

(6)进行仿真，并观察相应曲线，积分饱和的现象是否消失，将响应曲线抓图。

五、思考题

(1)解释为什么PIM1. m能够实现积分抗饱和的PI控制，结合S函数的编写原理，解释关键代码。

(2)将PIM1. m封装成一个带有4个参数的Simulink模块，4个参数分别为P、I、Lower Limit和Upper Limit。

六、实验报告

(1)需要将实验过程中的每一个关键步骤抓图粘贴到实验报告上。

(2)实验报告中要回答思考题中的问题。

附录 1　PIM. m

```
function [sys,x0,str,ts]=PIM(t,x,u,flag,P,I)
    switch flag,
        case 0,
            [sys,x0,str,ts]=mdlInitializeSizes();
        case 1,
            sys=mdlDerivatives(t,x,u,P,I);
        case 2,
            sys=mdlUpdate(t,x,u);
        case 3,
            sys=mdlOutputs(t,x,u,P);
        case 4,
            sys=mdlGetTimeOfNextVarHit(t,x,u);
        case 9,
            sys=mdlTerminate (t,x,u);
        otherwise
            error (['Unhandled flag=',num2str(flag)]);
        end

function [sys,x0,str,ts]=mdlInitializeSizes()
    sizes=simsizes;
    sizes.NumContStates=1;
    sizes.NumDiscStates=0;
    sizes.NumOutputs=1;
    sizes.NumInputs=1;
    sizes.DirFeedthrough=1;
    sizes.NumSampleTimes=1;
    sys=simsizes(sizes);
    x0=0;
    str=[ ];
    ts=[0,0];

function sys=mdlDerivatives(t,x,u,P,I)
    sys=I * u;

function sys=mdlUpdate(t,x,u)
    sys=[ ];
```

```
function sys=mdlOutputs(t,x,u,P)
    sys=P * u+x;

function sys=mdlGetTimeOfNextVarHit(t,x,u)
    sampleTime=1;% Example,set the next hit to be one second later
    sys=t+ sampleTime;

function sys=mdlTerminate(t,x,u)
sys=[ ];
```

附录 2　PIM1. m

```
function [sys,x0,str,ts]=PIM1(t,x,u,flag,P,I,lowerLimit,upperLimit)
    switch flag,
        case 0,
            [sys,x0,str,ts]=mdlInitializeSizes();
        case 1,
            sys=mdlDerivatives(t,x,u,P,I,lowerLimit,upperLimit);
        case 2,
            sys=mdlUpdate(t,x,u);
        case 3,
            sys=mdlOutputs(t,x,u,P);
        case 4,
            sys=mdlGetTimeOfNextVarHit(t,x,u);
        case 9,
            sys=mdlTerminate (t,x,u);
        otherwise
            error ( [ 'Unhandled flag=',num2str ( flag) ] );
    end

function [sys,x0,str,ts]=mdlInitializeSizes()
    sizes=simsizes;
    sizes. NumContStates=1;
    sizes. NumDiscStates=0;
    sizes. NumOutputs=1;
    sizes. NumInputs=1;
    sizes. DirFeedthrough=1;
    sizes. NumSampleTimes=1;
    sys=simsizes(sizes);
    x0=0;
    str=[ ];
    ts=[0,0];

function sys=mdlDerivatives(t,x,u,P,I,lowerLimit,upperLimit)
    if(P * u+x>lowerLimit&&P * u+x<upperLimit)
        sys=I * u;
    else
        sys=0;
```

```
    end

function sys=mdlUpdate(t,x,u)
    sys=[ ];

function sys=mdlOutputs(t,x,u,P)
    sys=P * u+x;

function sys=mdlGetTimeOfNextVarHit(t,x,u)
    sampleTime=1;% Example,set the next hit to be one second later
    sys=t+ sampleTime;

function sys=mdlTerminate(t,x,u)
    sys=[ ];
```

实验五　使用C语言编写S函数控制风扇远程实验平台

一、实验目的

(1)了解 Simulink 环境下使用 C 语言编写 S 函数的方法。

(2)了解控制算法从仿真到实体实验的设计方法。

二、实验内容

(1)使用 C 语言编写实现积分抗饱和 PI 控制 S 函数。

(2)使用编写的 S 函数，在 Simulink 环境下建立仿真框图，实现风扇的速度控制。

(3)使用编写的 S 函数建立风扇速度控制实体实验的框图，利用 Real Time Workshop 生成控制程序，并通过 NCSLab 平台实施在远程的实验平台上。

三、实验原理

1. 风扇控制系统的数学模型

风扇系统的原理框图如图 5.1 所示。使用控制器在风扇上施加电压，就能驱动风扇转动。通过测量风扇叶片转动的频率，就可以得到风扇的转速。

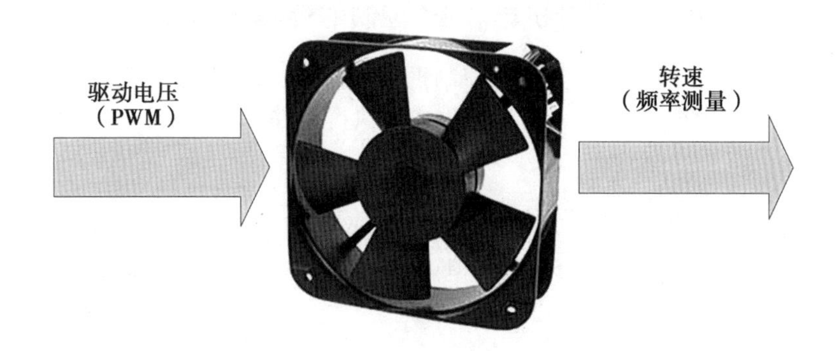

图 5.1　风扇系统的原理

风扇系统可以近似地看作一个一阶惯性环节。它的传递函数可近似辨识为

$$G(s)=\frac{90}{0.8s+1}$$

因为 PWM 占空比的输入范围在 0.1~0.9 之间，因此，在 Simulink 环境下，风扇系统的数学模型可以用图 5.2 搭建的框图来表示。其中饱和模块的上下限值分别为 0.9 和 0.1。

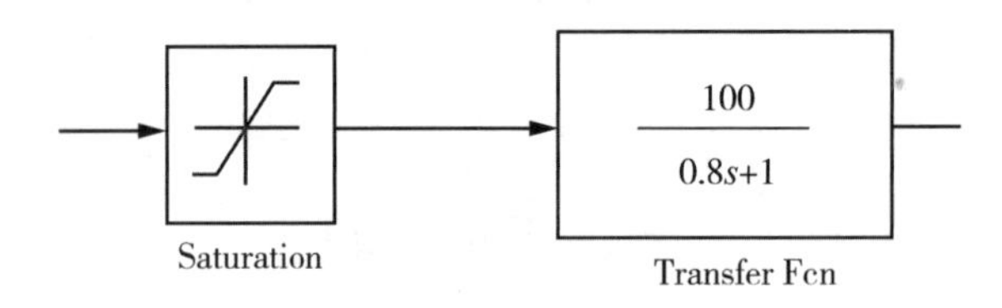

图 5.2　风扇的数学模型

2. 使用 S 函数实现积分抗饱和 PI 控制仿真

使用 C 语言编写积分抗饱和 PI 控制的 S 函数 PIC.c，搭建如图 5.3 所示的 Simulink 模型，可以实现带有积分抗饱和的 PI 风扇速度控制的仿真。在仿真框图中，被控对象是风扇的数学模型。

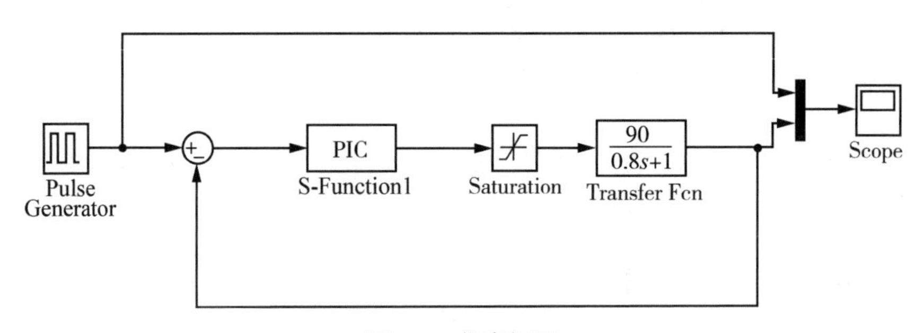

图 5.3　仿真框图

3. 使用 S 函数实现积分抗饱和 PI 控制的远程实体实验

用自己编写的 S 函数替换实验二控制框图中的 PI 控制器，搭建风扇速度控制实体实验的 Simulink 框图，如图 5.4 所示。生成可执行文件，并且实施在远程实验平台上。

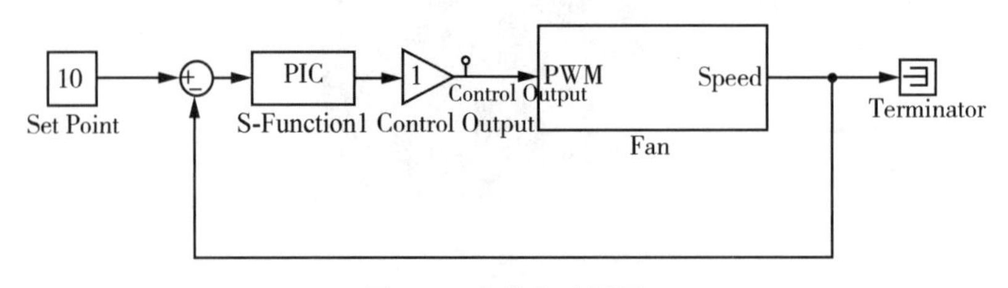

图 5.4　实体实验框图

四、实验步骤

(1)使用C语言编写带有积分抗饱和PI控制的S函数PIC.c。

(2)搭建如图5.3所示的风扇PI控制仿真框图，其中S函数的参数分别输入0.1，0.1，0.1，0.9，表示P和I参数均为0.1，积分饱和下限0.1，积分饱和上线0.9。

(3)参考信号采用方波，周期为10秒，占空比50%，幅值为100。

(4)进行仿真并观察响应曲线，是否出现了积分饱和的现象，将曲线抓图。

(5)将方波信号的幅值改为50，Delay设为3秒。运用仿真，观察速度从10阶跃到50的过渡过程曲线。将响应曲线抓图。

(6)用自己编写的S函数替换实验三框图中的PI控制器，生成可执行程序，并上传到NCSLab的网站。

(7)获得系统控制权，将上传算法下载到远程的风扇控制系统中去。

(8)建立组态，将风扇转速的设定值从10调整到50，分别观察设定值与实际风扇速度反馈的关系(放在一张趋势图上)，并且抓图。

(9)用步骤8中的实体实验的结果，与步骤5中仿真的结果相比较，观察两者的契合度，仿真程序是否如实反映了实体实验的动态特性。

五、思考题

(1)如何通过实验一的实验结果，估计出风扇系统的数学模型。

(2)解释为什么PIC.c能够实现积分抗饱和的PI控制，结合S函数的编写原理，解释关键代码。

六、实验报告

(1)需要将实验过程中的每一个关键步骤抓图粘贴到实验报告上。

(2)实验报告中要回答思考题中的问题。

(3)如果有兴趣，可以自行设计一些其他算法，并且将结果附在实验报告上(酌情加分，总成绩加0~5分)。

(4)如果有兴趣，可以自行设计系统辨识的方法，采集数据，辨识出风扇系统更准确的数学模型(酌情加分，总成绩加0~10分)。

附录 1 PIC.c

```
#define S_FUNCTION_NAME PIC
#define S_FUNCTION_LEVEL 2

#include "simstruc.h"

#define U(element) (*uPtrs[element])  /* Pointer to Input Port0 */

#define P(S) (ssGetSFcnParam(S,0))
#define I(S) (ssGetSFcnParam(S,1))
#define LOWER(S) (ssGetSFcnParam(S,2))
#define UPPER(S) (ssGetSFcnParam(S,3))

/*=======================*
 * S-function methods *
 *=======================*/

/* Function: mdlInitializeSizes
=========================================
 * Abstract:
 *     The sizes information is used by Simulink to determine the S-function
 *     block's characteristics (number of inputs, outputs, states, etc.).
 */
static void mdlInitializeSizes(SimStruct *S)
{
    ssSetNumSFcnParams(S,4);/* Number of expected parameters */
    if (ssGetNumSFcnParams(S) != ssGetSFcnParamsCount(S)) {
        return; /* Parameter mismatch will be reported by Simulink */
    }

    ssSetNumContStates(S,1);
    ssSetNumDiscStates(S,0);

    if (!ssSetNumInputPorts(S,1)) return;
    ssSetInputPortWidth(S,0,1);
    ssSetInputPortDirectFeedThrough(S,0,1);
```

```
    if ( ! ssSetNumOutputPorts(S,1)) return;
    ssSetOutputPortWidth(S,0,1);

    ssSetNumSampleTimes(S,1);
    ssSetNumRWork(S,0);
    ssSetNumIWork(S,0);
    ssSetNumPWork(S,0);
    ssSetNumModes(S,0);
    ssSetNumNonsampledZCs(S,0);
    ssSetSimStateCompliance(S,USE_DEFAULT_SIM_STATE);

    /* Take care when specifying exception free code - see sfuntmpl_doc. c */
    ssSetOptions(S,SS_OPTION_EXCEPTION_FREE_CODE);
}

/* Function: mdlInitializeSampleTimes
========================================
 * Abstract:
 *     Specifiy that we have a continuous sample time.
 */
static void mdlInitializeSampleTimes(SimStruct *S)
{
    ssSetSampleTime(S,0,CONTINUOUS_SAMPLE_TIME);
    ssSetOffsetTime(S,0,0.0);
    ssSetModelReferenceSampleTimeDefaultInheritance(S);
}

#define MDL_INITIALIZE_CONDITIONS
/* Function: mdlInitializeConditions
========================================
 * Abstract:
 *     Initialize both continuous states to zero.
 */
static void mdlInitializeConditions(SimStruct *S)
{
    real_T *x0=ssGetContStates(S);

    *x0=0;
```

```
}

/* Function: mdlOutputs
==========================================
 * Abstract:
 *        y=Cx + Du
 */
static void mdlOutputs(SimStruct *S,int_T tid)
{
     real_T               *y      =ssGetOutputPortRealSignal(S,0);
     real_T               *x      =ssGetContStates(S);
     InputRealPtrsType uPtrs=ssGetInputPortRealSignalPtrs(S,0);
     real_T P=( *mxGetPr(I(S)));

     UNUSED_ARG(tid);/* not used in single tasking mode */

     /* y=Cx+Du */
     y[0]=x[0]+P*U(0);
}
#define MDL_DERIVATIVES
/* Function: mdlDerivatives
==========================================
 * Abstract:
 *        xdot=Ax + Bu
 */
static void mdlDerivatives(SimStruct *S)
{
     real_T               *dx    =ssGetdX(S);
     real_T               *x      =ssGetContStates(S);
     InputRealPtrsType uPtrs=ssGetInputPortRealSignalPtrs(S,0);

     real_T I=( *mxGetPr(I(S)));
     real_T P=( *mxGetPr(P(S)));
     real_T Lower=( *mxGetPr(LOWER(S)));
     real_T Upper=( *mxGetPr(UPPER(S)));

/* xdot=Ax+Bu */
if(P*U(0)+x[0]>Lower&&P*U(0)+x[0]<Upper)
```

```
        {
            dx[0]=I * U(0);
        }
        else
        {
            dx[0]=0;
        }
}
/* Function: mdlTerminate
================================================
 * Abstract:
 *     No termination needed,but we are required to have this routine.
 */
static void mdlTerminate(SimStruct *S)
{
    UNUSED_ARG(S);/* unused input argument */
}

#ifdef  MATLAB_MEX_FILE     /* Is this file being compiled as a MEX-file? */
#include "simulink.c"       /* MEX-file interface mechanism */
#else
#include "cg_sfun.h"        /* Code generation registration function */
#endif
```

实验六　虚拟双容水箱水位远程 PI 控制实验

一、实验目的

(1)了解虚拟双容水箱的结构、原理和数学模型。

(2)了解虚拟双容水箱的 PI 控制算法。

二、实验内容

(1)了解双容水箱的原理、结构。

(2)了解双容水箱数学模型的建立方法。

(3)使用远程实验的方式，操作远程的虚拟双容水箱实验平台，调节 PI 控制器参数，优化控制效果，为进一步的实体实验做准备。

三、实验原理

真实水箱控制算法：图 6.1 所示为测试真实水箱系统特性而搭建的算法框图，其中限幅模块值从 0 到 inf 保证为正值。Analog Output 和 Analog Input 端口号(port number)均为 0，Analog Input1 端口号为 1，采样时间为 0.04 秒。

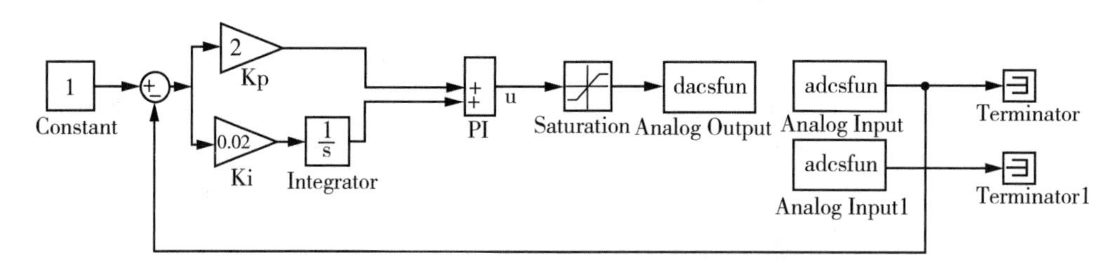

图 6.1　测试真实水箱系统特性算法框图

在图 6.1 所示的控制算法下测得数据，如表 6-1 所示，其中 constant 为给定值，left 和 right 都分为两栏，左栏为虚拟界面水位，右栏为真实水箱水位。经测定，只有当给定值 constant 的值大于 3.5，第二个水箱水位值才为正。当给定值为 7.5 时，第一个水箱水位刚好到达警戒值。因此，对给定值取值范围应该做一个限定：3.5~7.5。

表 6-1　　**真实水箱系统特性测试数据**

constant	left(virtual/real)		right(virtual/real)	
3.5	3.5	10.5	1.7	0
4	4	14	2	2.5
4.5	4.5	18	2.4	5
5	5	21	2.8	7.5
5.5	5.5	24	3.2	9.8
6	6	27	3.5	12.2
6.5	6.5	30.5	3.9	14.6
7	7	34	4.2	17
7.5	7.5	37	4.6	19.4

根据表 6-1 数据，经过处理和线性拟合，可以得到真实水箱远程实验的算法框图，如图 6.2 所示。

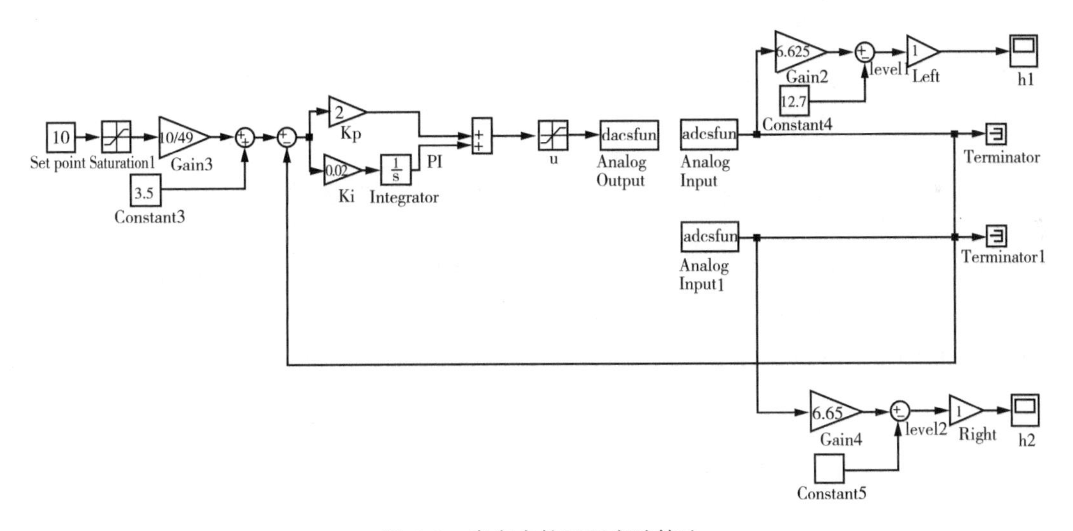

图 6.2　真实水箱远程实验算法

其中，对给定值作了限幅和线性处理。处理过程和结果如下：根据最终给定值范围为 3.5~7.5，为了让给定值表示第二个水箱，也就是被控液位的水箱水位一致，将表 6-1中的第一列和最后一列做线性处理。constant 为因变量，right(real)为自变量，其关系如图 6.3 所示。

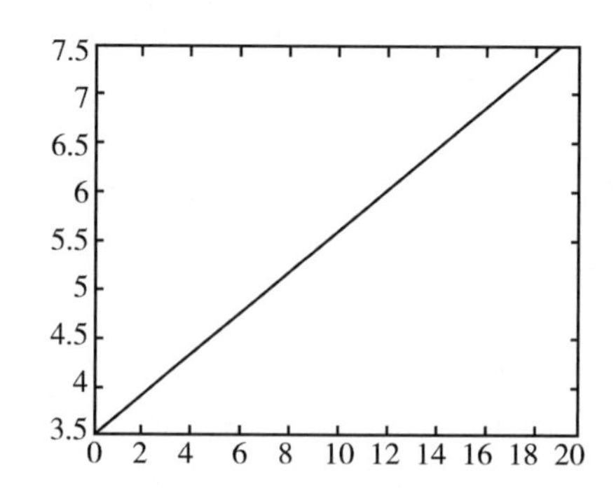

图 6.3　测试算法给定值与真实水箱被控水位关系

综合处理，得斜率为 1/4.9、截距为 3.5，其拟合关系和真实关系效果图如图 6.4 所示。

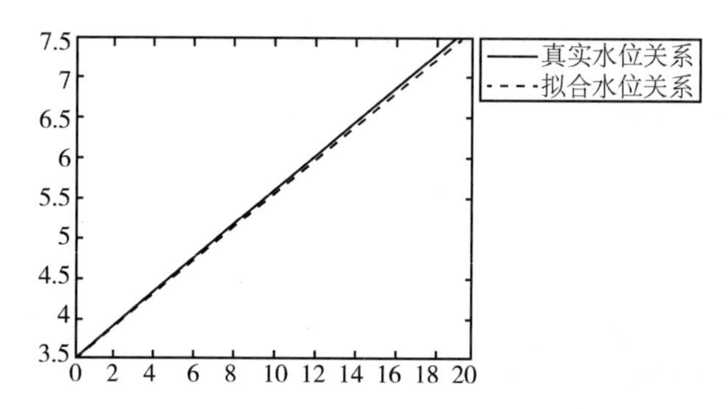

图 6.4　测试算法真实水位关系和拟合水位关系效果图

因此，在远程实验算法中，真实的给定值(图中的 Set point)可以变化范围限定在 0~19.4，这样既保证第二个水箱有水位值，同时保证第一个水箱不溢出，给定值还能与被控水箱的真实水位相联系，如图 6.5 所示。

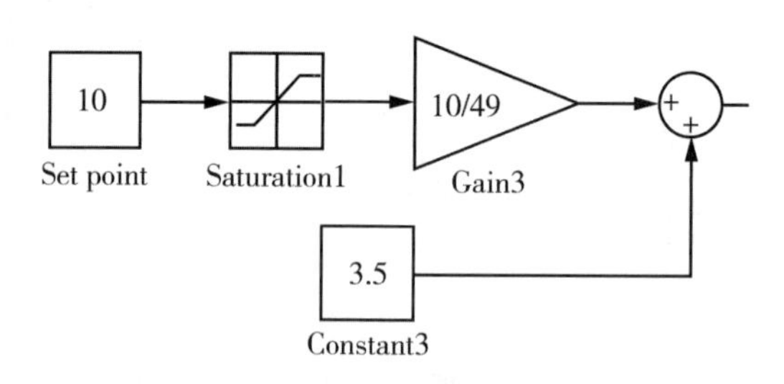

图 6.5　拟合处理后给定值表现方式

给定值和 PI 控制器组成了控制信号，将控制信息传给 Analog Output 模块，然后将反馈信号采集过来给终端，为了使三维监控界面水位与真实水位相一致，将表 6-1 中 left 以及 right 分别作为两组数据进行拟合，以虚拟水箱水位为自变量，真实水箱水位为因变量，第一、第二个水箱效果分别如图 6.6、图 6.7 所示。

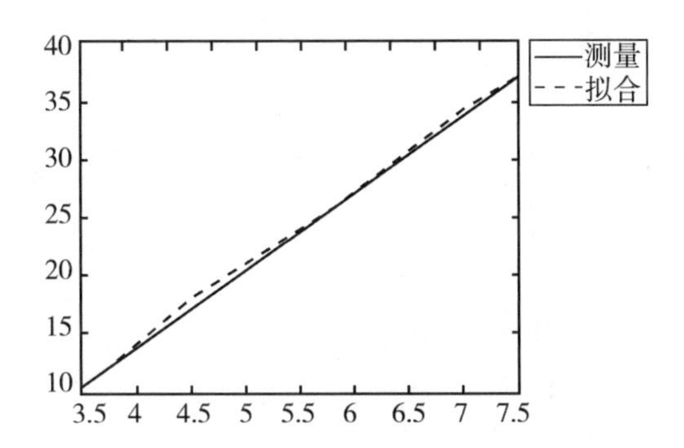

图 6.6　第一个水箱测量数据和拟合数据对比效果

图 6.2 中采用的控制算法为 PI 控制，其中初始的 P 参数为 2，I 参数为 0.02(有很大的优化空间)。

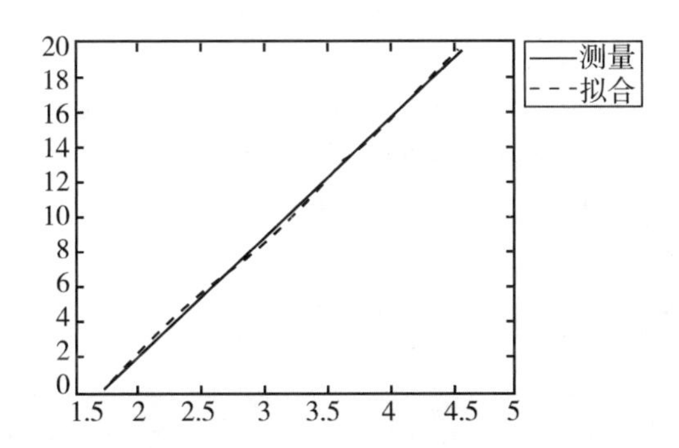

图 6.7　第二个水箱测量数据和拟合数据对比效果

设计的三维虚拟界面显示水位的算法分别如图 6.8、图 6.9 所示。

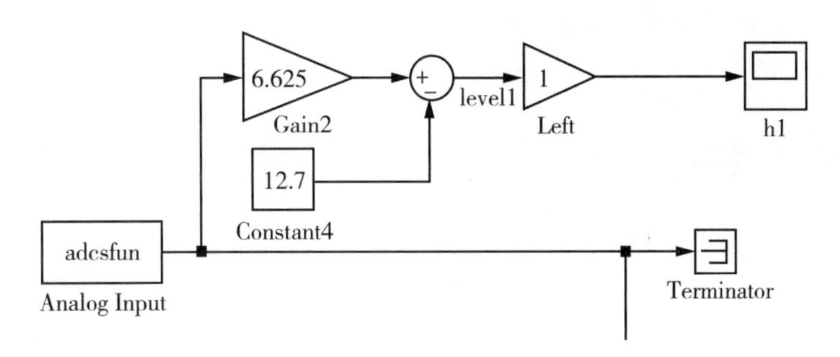

图 6.8　第一个水箱反馈信号与显示水位处理算法

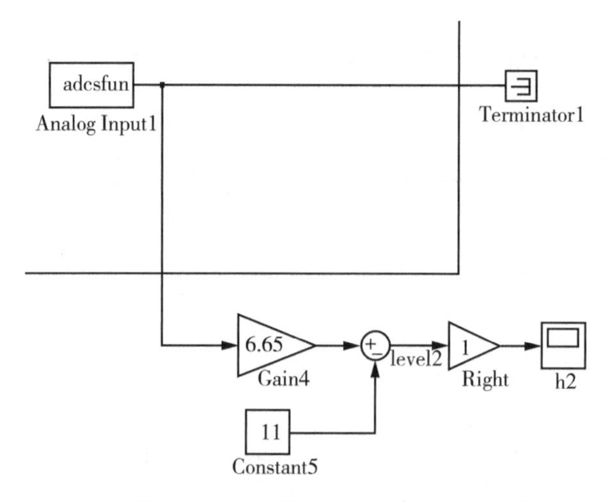

图 6.9　第二个水箱反馈信号与显示水位处理算法

至此，真实水箱远程实验的算法设计完成，如图 6.2 所示。

四、实验步骤

(1)登录 NCSLab 3D 网站，www. powersim. whu. edu. cn/ncslab；
(2)进入虚拟水箱水位控制的主界面，仔细阅读设备介绍和设备文档；
(3)在实验算法中选择 PI Control，下载到远程控制器中；
(4)新建组态，如图 6.10 所示。
建立如下的关联关系(图 6.11~图 6.15)：

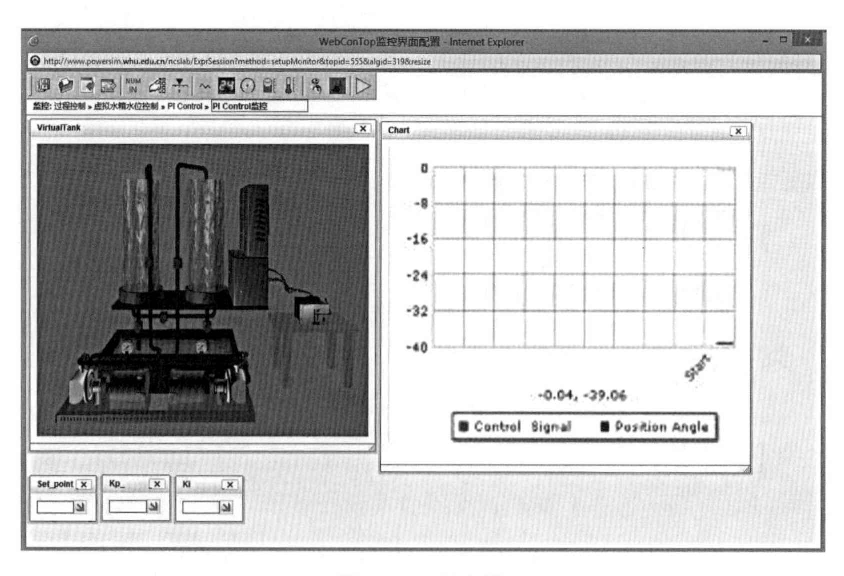

图 6.10　组态图

三维组件：

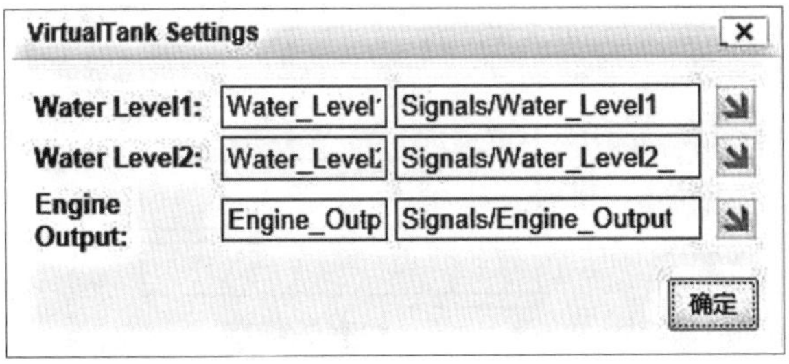

VirtualTank Settings ✕

Water Level1:	Water_Level'	Signals/Water_Level1
Water Level2:	Water_Level2	Signals/Water_Level2_
Engine Output:	Engine_Outp	Signals/Engine_Output

确定

图 6. 11

输入组件 1：

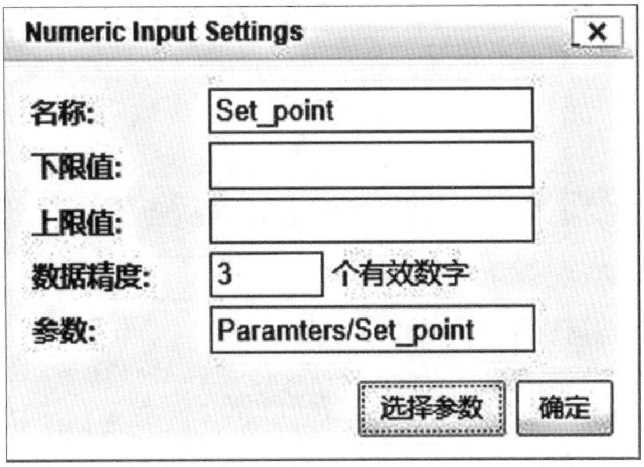

Numeric Input Settings ✕

名称:	Set_point
下限值:	
上限值:	
数据精度:	3 个有效数字
参数:	Paramters/Set_point

选择参数　确定

图 6. 12

输入组件 2：

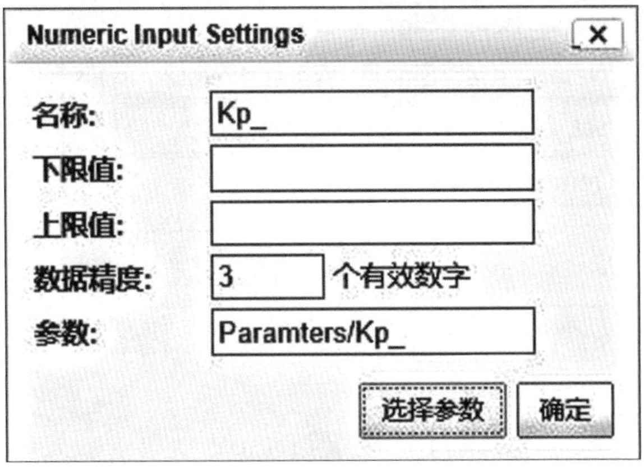

Numeric Input Settings ✕

名称:	Kp_
下限值:	
上限值:	
数据精度:	3 个有效数字
参数:	Paramters/Kp_

选择参数　确定

图 6. 13

输入组件 3：

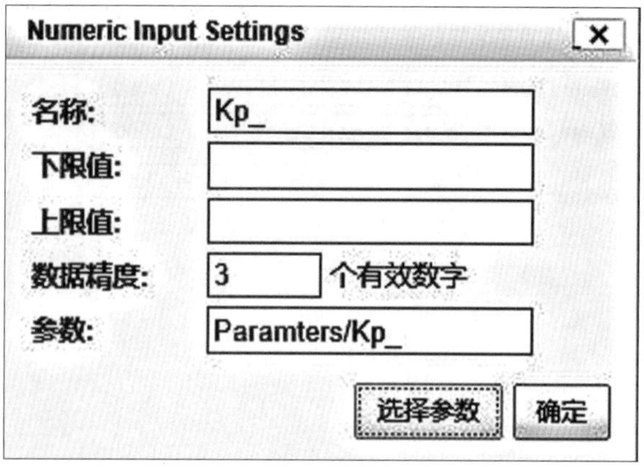

Numeric Input Settings

名称: Kp_

下限值:

上限值:

数据精度: 3 个有效数字

参数: Paramters/Kp_

选择参数　确定

图 6. 14

趋势图组件：

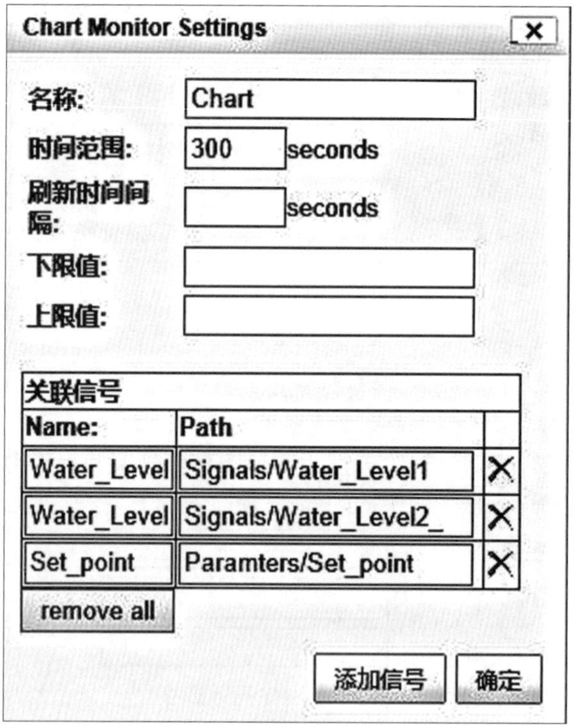

Chart Monitor Settings

名称: Chart

时间范围: 300 seconds

刷新时间间隔: seconds

下限值:

上限值:

关联信号

Name:	Path	
Water_Level	Signals/Water_Level1	X
Water_Level	Signals/Water_Level2_	X
Set_point	Paramters/Set_point	X

remove all

添加信号　确定

图 6. 15

(5)点击“运行”按钮，开始进行虚拟实验；

(6)改变水箱水位的设定值，观察 PI 控制器是如何将虚拟水箱的水位调整到新设定值的，如图 6.16 所示；

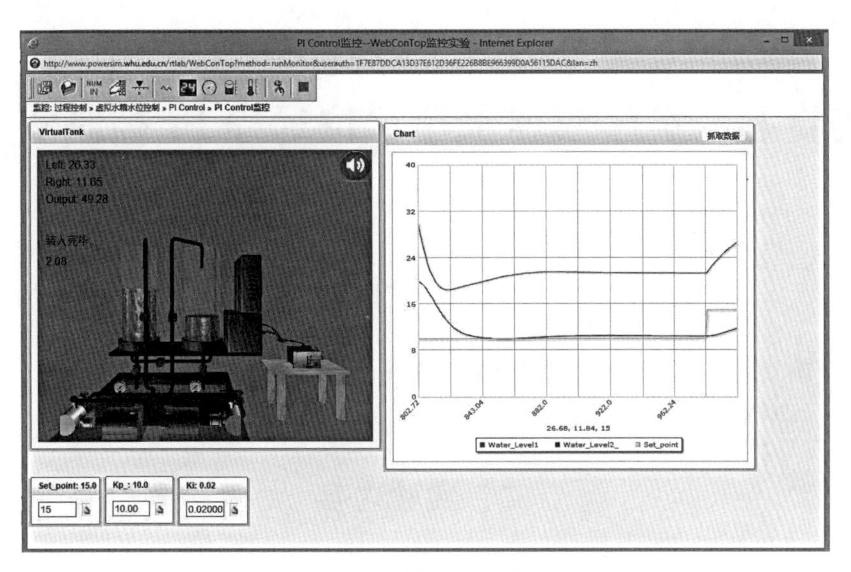

图 6.16　虚拟水箱水位的控制过程

(7)通过修改 PI 参数，使得水位从 5 阶跃到 15 的调节时间最短；
(8)将最佳的实验结果抓图，并量出调节时间。

五、思考题

(1)双容水箱水位控制的 PI 参数应该怎么选择，有什么特定的方法？
(2)双容水箱的数学模型是如何建立的？

六、实验报告

(1)需要将实验过程中的每一个关键步骤抓图粘贴到实验报告上。
(2)实验报告中要回答思考题中的问题。

实验七　实体双容水箱水位远程 PI 控制实验

一、实验目的

（1）了解双容水箱的结构、原理和数学模型。

（2）了解双容水箱的 PI 控制算法。

二、实验内容

（1）了解双容水箱的原理、结构。

（2）了解双容水箱数学模型的建立方法。

（3）使用远程实验的方式，操作远程的双容水箱实验平台，调节 PI 控制器参数，优化控制效果。

三、实验原理

真实水箱控制算法。图 7.1 所示是实体水箱的照片。图 7.2 所示是为测试真实水箱系统特性而搭建的算法框图，其中限幅模块值从 0 到 inf 保证为正值。Analog Output 和 Analog Input 端口号（port number）均为 0，Analog Input1 端口号为 1，采样时间为 0.04 秒。

图 7.1　实体水箱

图 7.2 中采用的控制算法为 PI 控制，其中初始的 P 参数为 2，I 参数为 0.02(有很大的优化空间)。

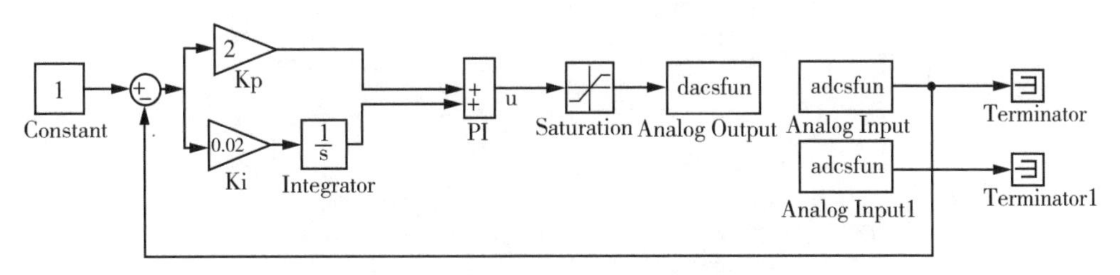

图 7.2　测试真实水箱系统特性算法框图

四、实验步骤

(1)登录 NCSLab 3D 网站，www. powersim. whu. edu. cn/ncslab，其登录界面如图 7.3 所示，输入用户名和密码即可登录。

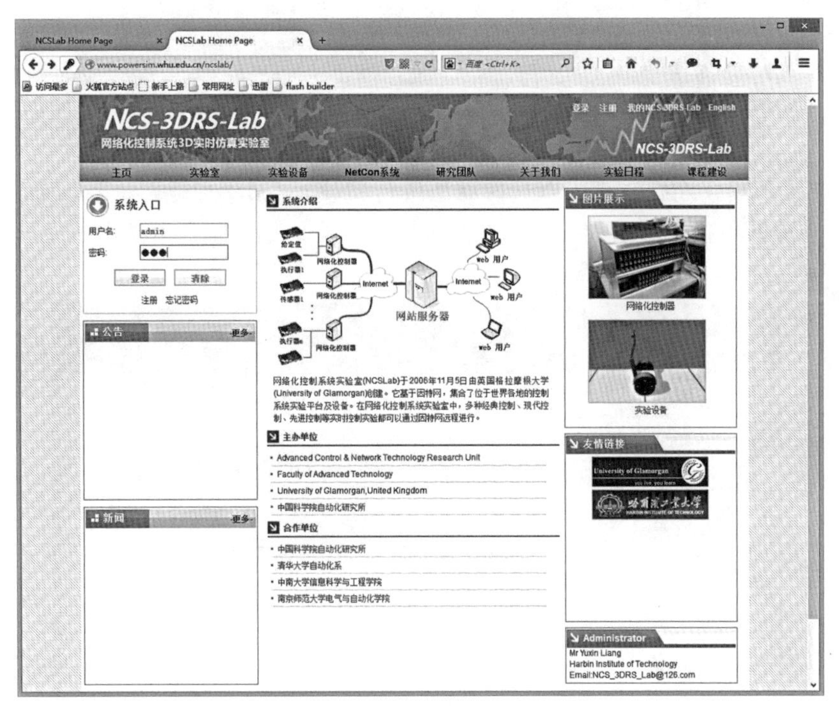

图 7.3　NCSLab 3D 网站登录界面

(2)登录之后，进入实验室列表界面，网页左侧将一系列不同实验分门别类在不同分实验室下。选择过程控制，然后选择里面的真实水箱水位控制实验。其显示界面如图

7.4 左侧所示。点击“申请控制权”按钮，效果如图 7.4 右侧所示。

图 7.4　真实水箱水位控制初始界面

(3) 申请控制权之后，就可以选择算法进行实验。点击“实验算法”链接，就可以进入到设备实验的可执行算法界面，如图 7.5 所示。

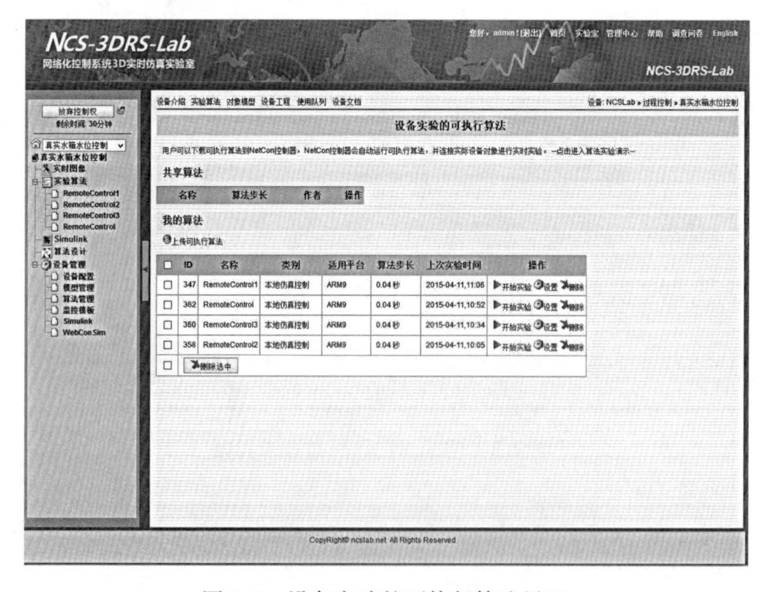

图 7.5　设备实验的可执行算法界面

(4)选择好相应的算法后，点击“开始实验”按钮，就会自动下载算法，启动算法的实验监控组态列表，如图 7.6 所示。如果之前有人进行过实验，那么在“我的监控列表”里面就会有记录，可以点击“我的监控”，直接进行实验的监控，也可以点击“新建监控组态”来搭建自己的监控界面。

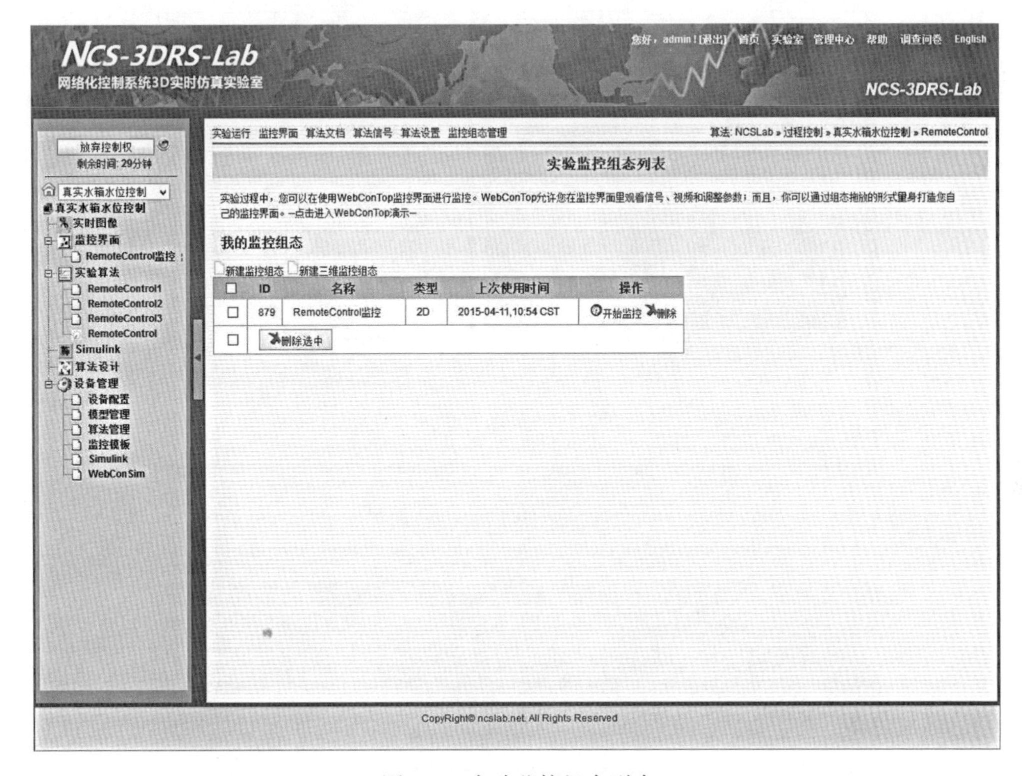

图 7.6　实验监控组态列表

(5)点击“新建监控组态”链接后，就进入了 Webcontop 实验监控配置界面，如图 7.7 所示。点击工具栏的不同按钮，就可以选择不同的工具进行监控。本实验点击实验设备对应的按钮，将出现页面缩放到适宜的大小和位置，如图 7.8 所示。

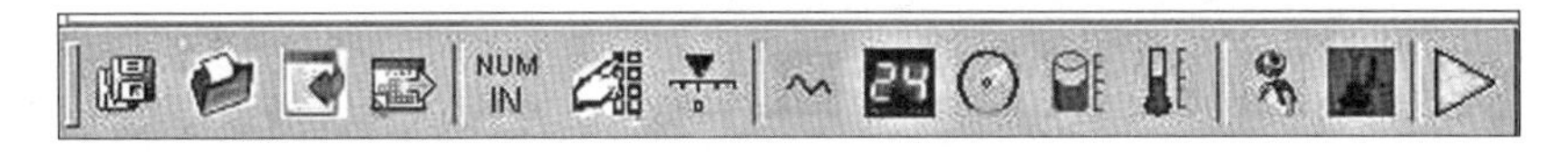

图 7.7　监控配置界面工具栏

(6)鼠标左键双击界面，根据弹出的框，选择好相应的信号和参数，信号用来监测和查看，参数用来设置和控制，双容水箱的信号和参数配置界面如图 7.9 所示。

(7)除了虚拟界面之外，实时视频，水位曲线的实时变化(点击)，PI 参数、给定值的设定(点击 NUM IN)都需要在配置界面完成，并选择好对应的信号和参数，设置好相关的取值范围，如图 7.10 所示。

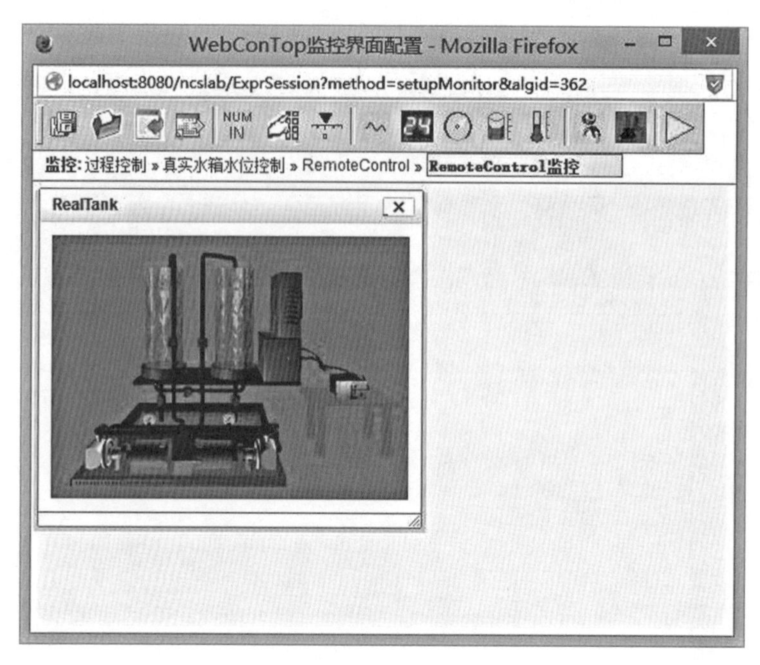

图 7.8　点击设备后配置界面

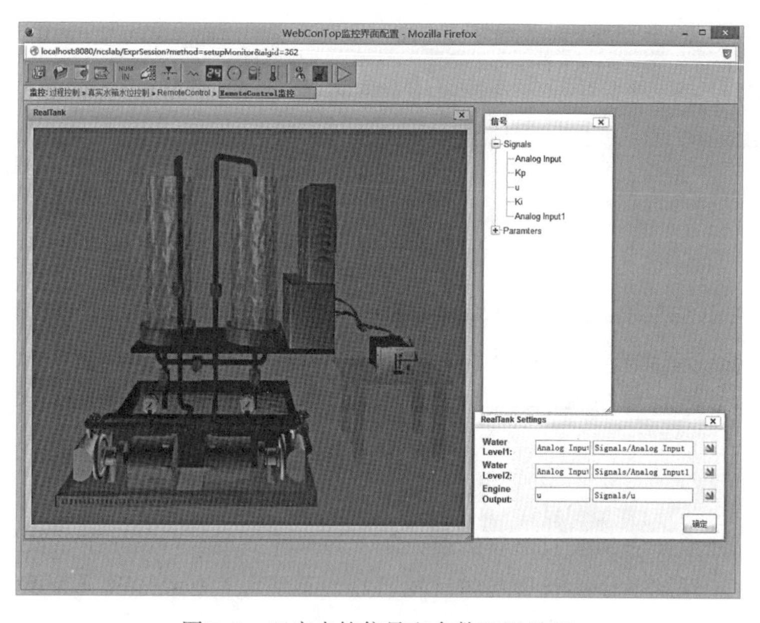

图 7.9　双容水箱信号和参数配置界面

(8)点击▷，就进入了监控界面，如图 7.11 所示，界面中实时显示了水位三维图，包含了水位以及 PI 输出的变化值，两个水箱水位变化实时曲线以及给定值和比例系数以及积分系数的设定框，这 3 个参数可以改变来调节水位变化情况。

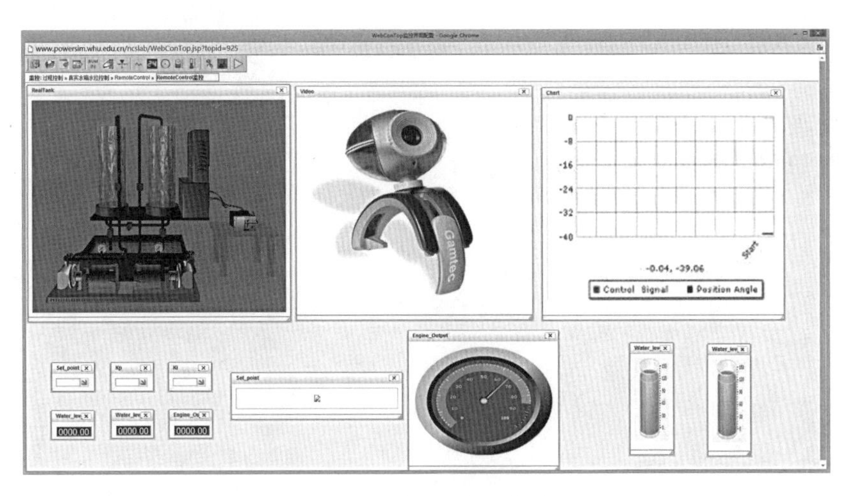

图 7.10　参数配置完成界面

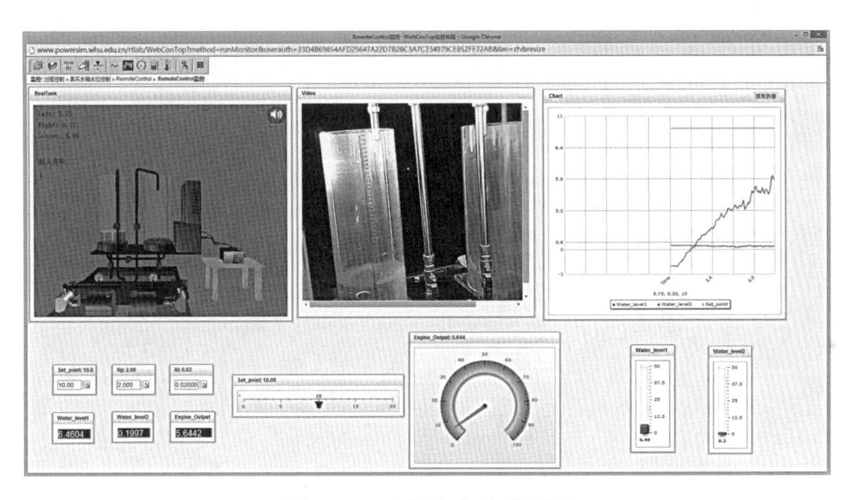

图 7.11　水箱水位监控界面

(9)通过修改 PI 参数，使得水位从 5 阶跃到 10 的调节时间最短。

(10)将最佳的实验结果抓图，并量出调节时间。

五、思考题

(1)比较双容水箱和风扇这两个被控对象，思考在特性上有什么共同点，有什么区别。

(2)双容水箱水位控制的 PI 参数应该怎么选择？有什么特定的方法？

六、实验报告

(1)需要将实验过程中的每一个关键步骤抓图粘贴到实验报告上。

(2)实验报告中要回答思考题中的问题。

实验八　虚拟球杆系统的 LQR 控制

一、实验目的

(1)了解球杆系统的结构、原理和数学模型。

(2)了解球杆系统的 LQR 控制算法。

二、实验内容

(1)了解球杆系统的原理、结构。

(2)了解球杆系统数学模型的建立方法。

(3)使用远程虚拟实验的方式，操作虚拟的球杆控制平台，实现球杆系统的 LQR 控制。

三、实验原理

1. 球杆系统的原理、结构

球杆系统主要由底座、小球、横杆、减速皮带轮、支撑部分、马达等组成，如图 8.1 所示，小球可以在横杆上自由地滚动，横杆的一端通过转轴固定，另一端可以上下转动，通过控制直流伺服电机的位置，带动皮带轮转动，通过传动机构，就可以控制横杆的倾斜角。直流伺服电机带有增量式编码器，可以检测电机的实际位置，即 θ 角度已检测，在横杆上的凹槽内，有一线性的传感器，用于检测小球的实际位置，两个实际位置的信号都被传送给控制系统，构成一个闭环反馈系统。当带轮转动角度 θ、横杆的转动角度为 α，横杆偏离水平的平衡位置后，在重力作用下，小球开始沿横杆滚动。我们的目的是设计一个控制器，通过控制电机的转动，使小球稳定在横杆上的某一平衡位置。

2. 球杆系统的数学模型

球杆系统的机械系统原理图如图 8.2 所示。

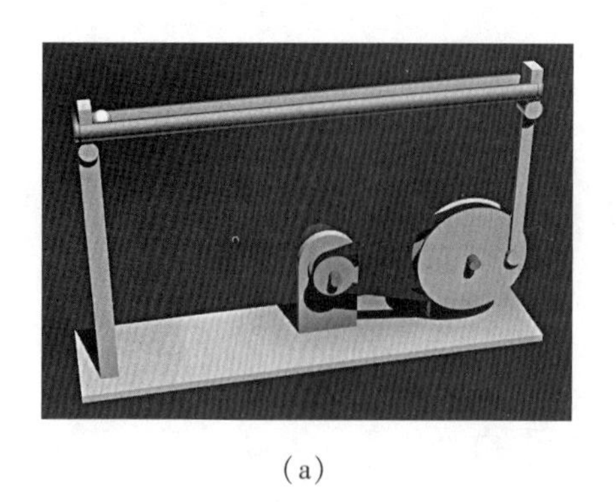

(a)

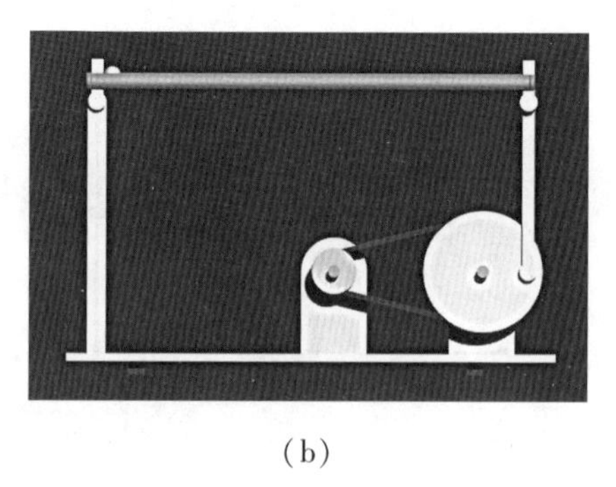

(b)

图 8.1　球杆系统示意图

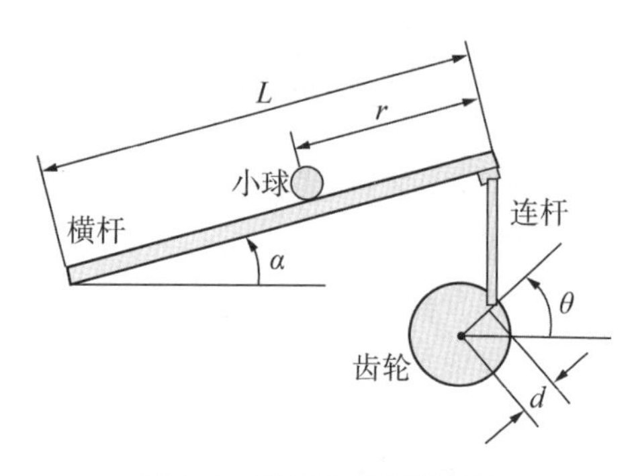

图 8.2　球杆系统机械结构

连线(连杆和同步带轮的连接点与齿轮中心的连线)和水平线的夹角为 θ(θ 的角度存在一定的限制，在最小和最大的范围之间)，连杆和齿轮的连接点与齿轮中心的距离为 d，横杆的长度为 L，于是，横杆的倾斜角 α 和 θ 之间的有如下的数学关系：

$$\alpha = \frac{d}{L}\theta$$

如前所述，角度 θ 和电机轴之间存在一个减速比 $n = 4$ 的同步带，控制器设计的任务是通过调整齿轮的角度 θ，使得小球在某一位置平衡。由小球的重力、惯量以及离心力等动力学关系，可以建立小球在横杆上滚动的动力学方程。若设定如下状态：

$$x_1 = r,\quad x_2 = \dot{r}$$

其中，x_1—— 小球的位移；x_2—— 小球的速度。

输入 u 代表齿轮输入转角，经过线性化动力学方程可建立如下的状态空间方程：

$$\dot{X} = AX + Bu$$
$$Y = CX$$

其中，

$$X = [x_1 \quad x_2]^{\mathrm{T}} \quad A = \begin{bmatrix} 0 & 1 \\ 0 & 0 \end{bmatrix} \quad C = \begin{bmatrix} 1 & 0 \\ 0 & 1 \end{bmatrix}$$

代入参数，得参数矩阵为

$$B = \begin{bmatrix} 0 \\ -0.21 \end{bmatrix}$$

3. 演示算法：LQR 控制方法

在 Command Window 中输入：

```
A=[0 1; 0 0];
B=[0; -0.21];
Q=[10 0; 0 1];
R=1;
K=lqr(A, B, Q, R)
```

得反馈矩阵 K=[-10.0000　-9.8101]

建立如图 8.3 所示的 Simulink 控制框图，其中球杆系统的模型部分为根据非线性状态空间方程用 S 函数编写的模块，控制模块为上述 LQR 方法建立的控制器。分别设定小球期望的位置为 50cm，得到如图 8.4 所示的输出曲线。

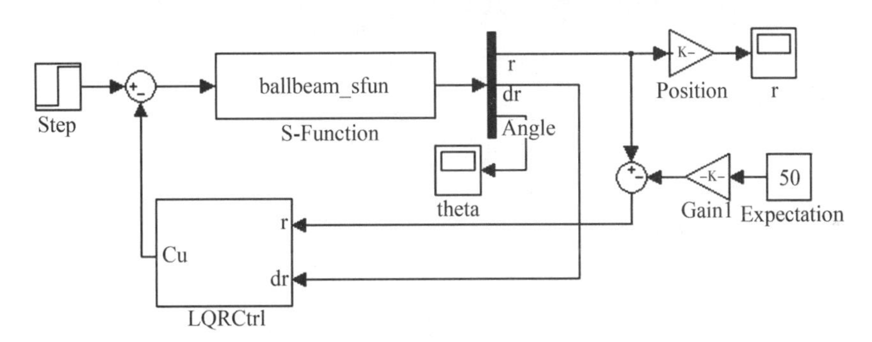

图 8.3　球杆系统 Simulink 框图

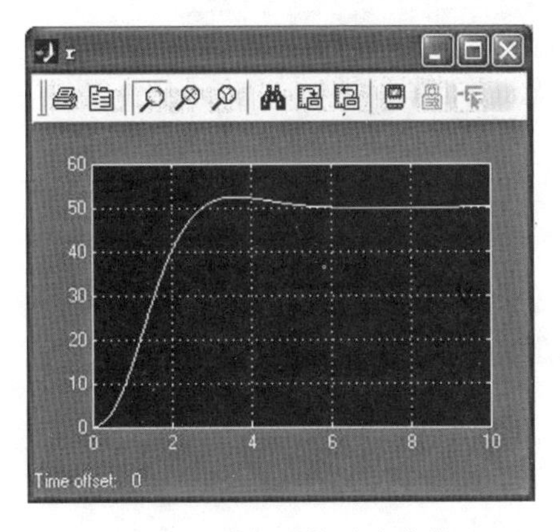

图 8.4　球杆系统响应曲线

三、实验步骤

(1)登录 NCSLab，在复杂系统实验室中找到球杆系统虚拟实验台(球杆系统 mini)，如图 8.5 所示。

图 8.5　找到球杆系统

(2)进入球杆系统的主界面，仔细阅读设备介绍和设备文档。

(3)在实验算法中选择 LQ Control，下载到远程控制器中。

(4)新建组态，如图 8.6 所示。

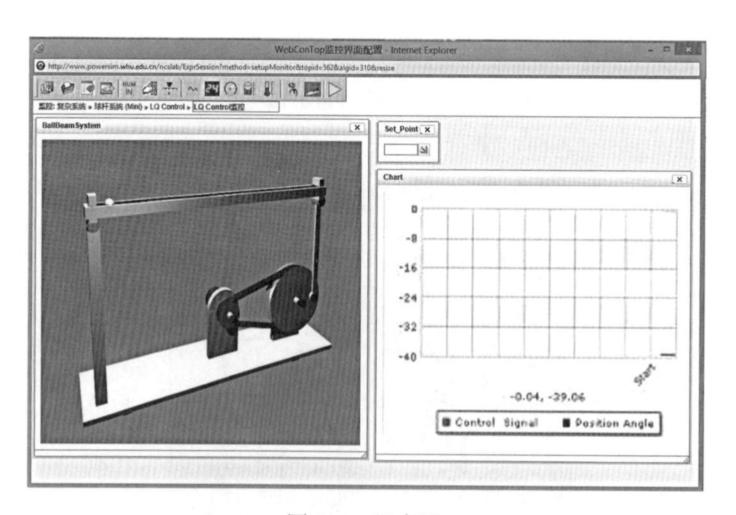

图 8.6　组态图

图 8.6 建立如下的关联关系(图 8.7~图 8.9):

三维组件:

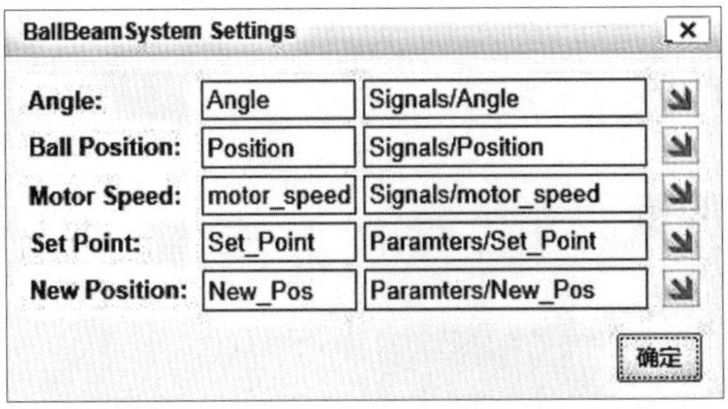

图 8.7

输入组件:

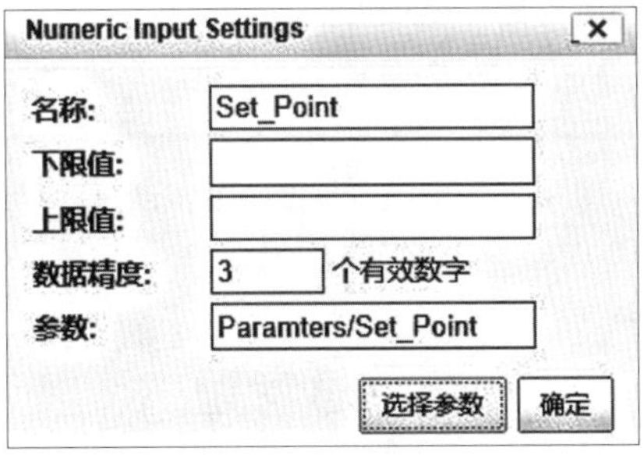

图 8.8

趋势图组件:

图 8.9

(5)点击“运行”按钮，开始进行虚拟实验。

(6)改变小球位置的设定值，观察虚拟的球杆系统的控制过程。如图 8.10 所示。

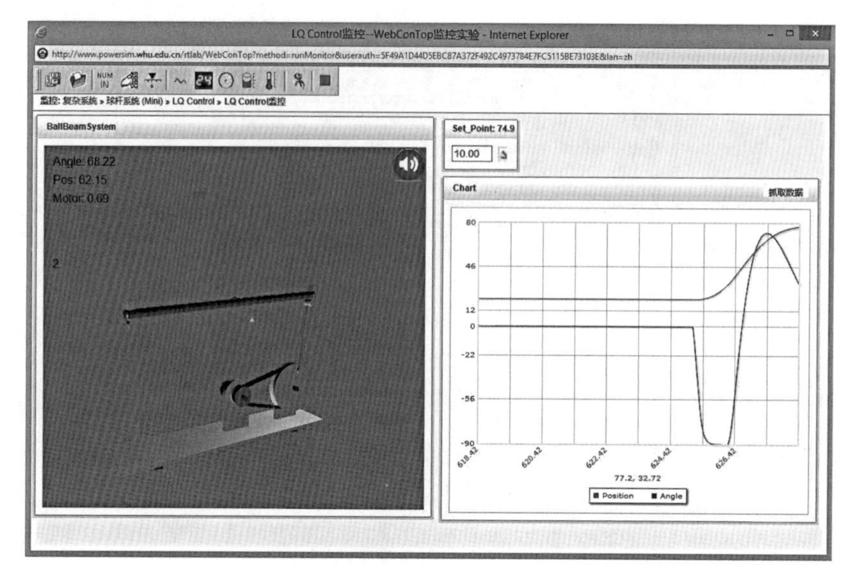

图 8.10　虚拟球杆系统的控制过程

五、思考题

(1)阐述球杆系统的原理。

(2)分析 Simulink 框图，解释球杆系统 LQR 算法的细节。

六、实验报告

(1)需要将实验过程中的每一个关键步骤抓图粘贴到实验报告上。

(2)实验报告中要回答思考题中的问题。

实验九　虚拟球杆系统的 PD 控制

一、实验目的

(1) 了解球杆系统的结构、原理和数学模型。

(2) 了解球杆系统的 PD 控制算法。

二、实验内容

(1) 了解球杆系统的原理、结构。

(2) 了解球杆系统数学模型的建立方法。

(3) 使用远程虚拟实验的方式，操作虚拟的球杆控制平台，实现球杆系统的 PD 控制。

三、实验原理

1. 球杆系统的原理、结构

球杆系统主要由底座、小球、横杆、减速皮带轮、支撑部分、马达等组成，如图 9.1 所示。小球可以在横杆上自由滚动，横杆的一端通过转轴固定，另一端可以上下转动，通过控制直流伺服电机的位置，带动皮带轮转动，通过传动机构，就可以控制横杆的倾斜角。直流伺服电机带有增量式编码器，可以检测电机的实际位置，即 θ 角度已检测，在横杆上的凹槽内，有一线性的传感器用于检测小球的实际位置，两个实际位置的信号都被传送给控制系统，构成一个闭环反馈系统。当带轮转动角度 θ、横杆的转动角度为 α，横杆偏离水平的平衡位置后，在重力作用下，小球开始沿横杆滚动。我们的目的是设计一个控制器，通过控制电机的转动，使小球稳定在横杆上的某一平衡位置。

2. 球杆系统的数学模型

球杆系统的机械系统原理图如图 9.2 所示。

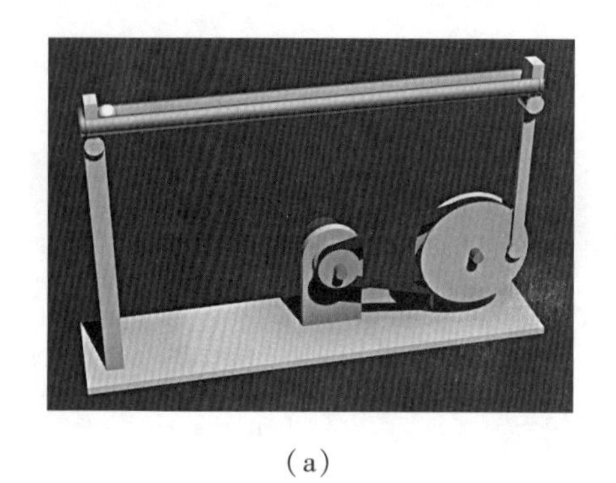
(a)

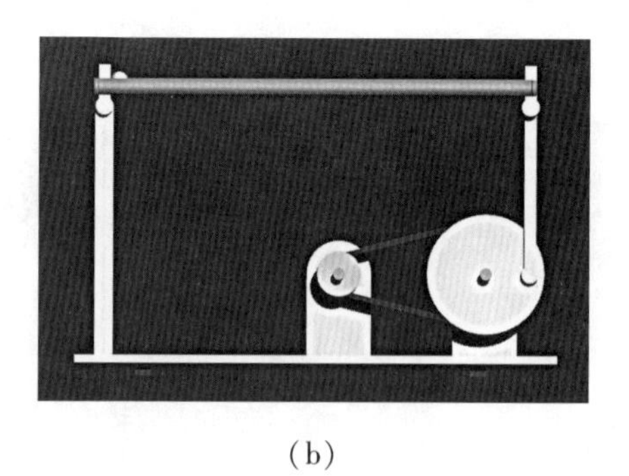
(b)

图 9.1　球杆系统示意图

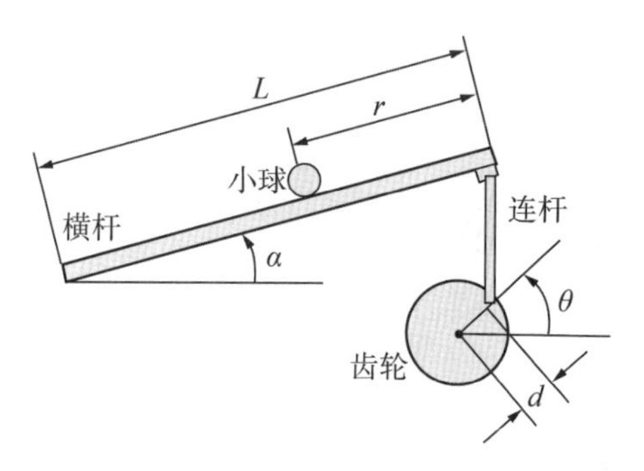

图 9.2　球杆系统机械结构

连线(连杆和同步带轮的连接点与齿轮中心的连线)和水平线的夹角为 θ(θ 的角度存在一定的限制，在最小和最大的范围之间)，连杆和齿轮的连接点与齿轮中心的距离为 d，横杆的长度为 L，于是，横杆的倾斜角 α 和 θ 之间有如下数学关系：

$$\alpha = \frac{d}{L}\theta$$

如前所述，角度 θ 和电机轴之间存在一个减速比 $n=4$ 的同步带，控制器设计的任务是通过调整齿轮的角度 θ，使得小球在某一位置平衡。由小球的重力、惯量以及离心力等动力学关系，可以建立小球在横杆上滚动的动力学方程。若设定如下状态：

$$x_1 = r,\quad x_2 = \dot{r}$$

其中，x_1—— 小球的位移；x_2—— 小球的速度。

输入 u 代表齿轮输入转角，经过线性化动力学方程可建立如下状态空间方程：

其中，

$$\dot{X} = AX + Bu$$
$$Y = CX$$

其中，

$$X = [x_1 \quad x_2]^{\mathrm{T}} \quad A = \begin{bmatrix} 0 & 1 \\ 0 & 0 \end{bmatrix} \quad C = \begin{bmatrix} 1 & 0 \\ 0 & 1 \end{bmatrix}$$

代入参数，得参数矩阵为

$$B = \begin{bmatrix} 0 \\ -0.21 \end{bmatrix}$$

3. 演示算法：LQR 控制方法

建立如图 9.3 所示的 Simulink 控制框图，其中 PD 控制器中 P 参数和 D 参数均为 0.1。分别设定小球期望的位置为 10cm，得到如图 9.4 所示的输出曲线。

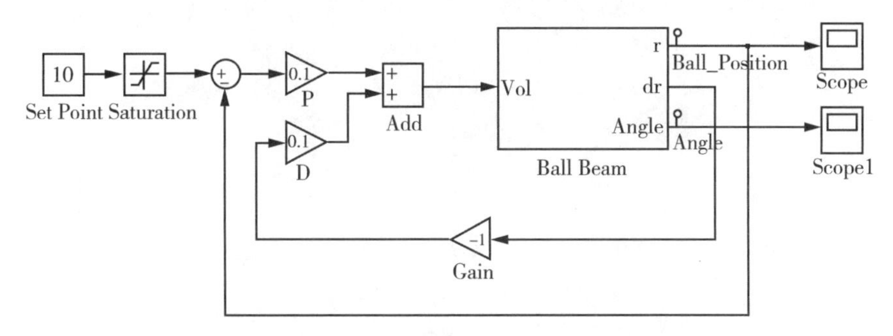

图 9.3　球杆系统 Simulink 框图

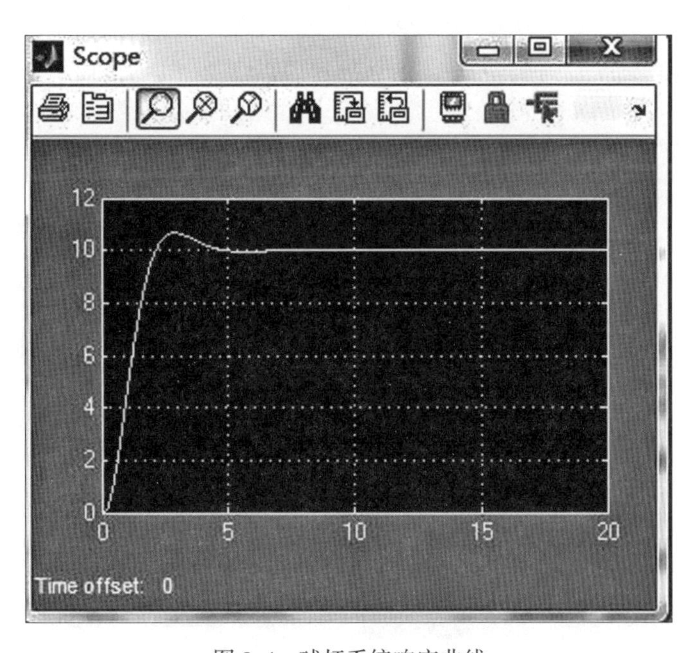

图 9.4　球杆系统响应曲线

三、实验步骤

(1)登录 NCSLab，在复杂系统实验室中找到球杆系统虚拟实验台(球杆系统 mini)，如图 9.5 所示。

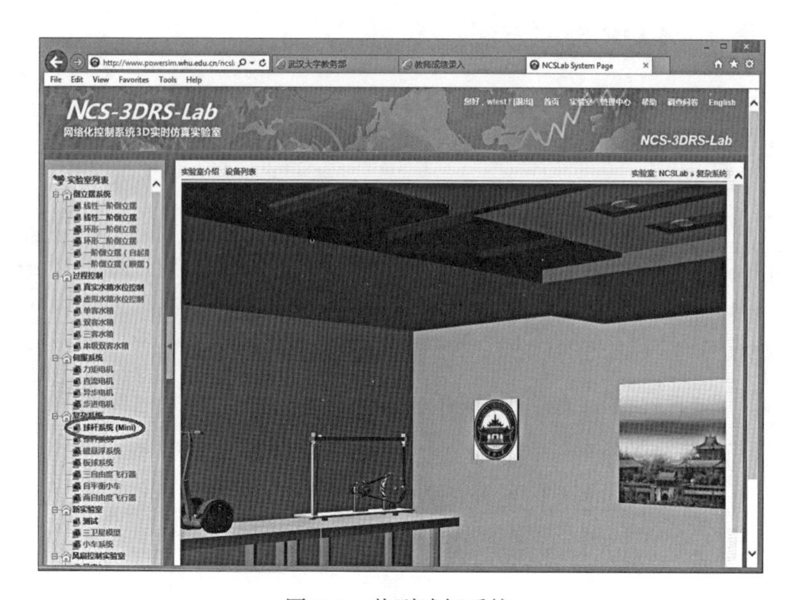

图 9.5　找到球杆系统

(2)进入球杆系统的主界面，仔细阅读设备介绍和设备文档。

(3)在实验算法中选择 PD Control，下载到远程控制器中。

(4)新建组态，如图 9.6 所示。

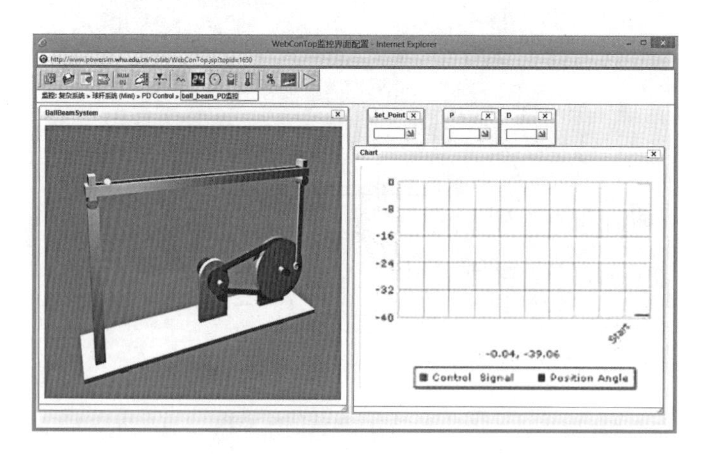

图 9.6　组态图

建立如下的关联关系(图 9.7~图 9.11)：
三维组件：

BallBeam System Settings
Angle:
Angle
Signals/Angle
Ball Position:
Position
Signals/Position
Motor Speed:
motor_speed
Signals/motor_speed
Set Point:
Set_Point
Paramters/Set_Point
New Position:
New_Pos
Paramters/New_Pos
确定

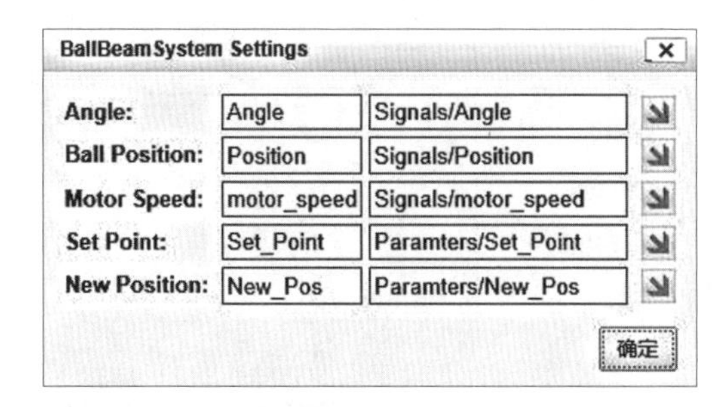

图 9.7

输入组件 1：

Numeric Input Settings
名称:
Set_Point
下限值:
上限值:
数据精度:
3
个有效数字
参数:
Paramters/Set_Point
选择参数
确定

图 9.8

输入组件 2：

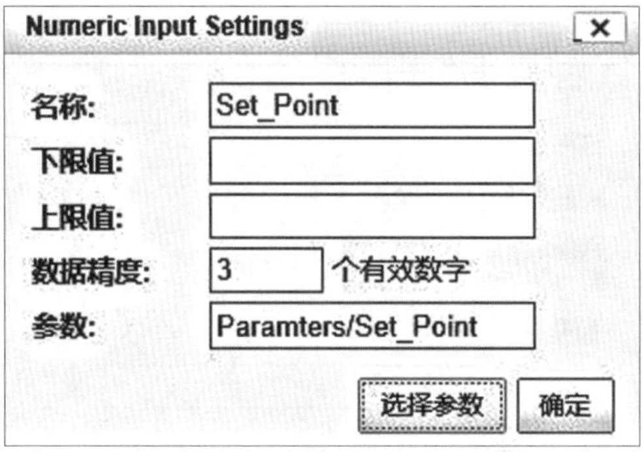

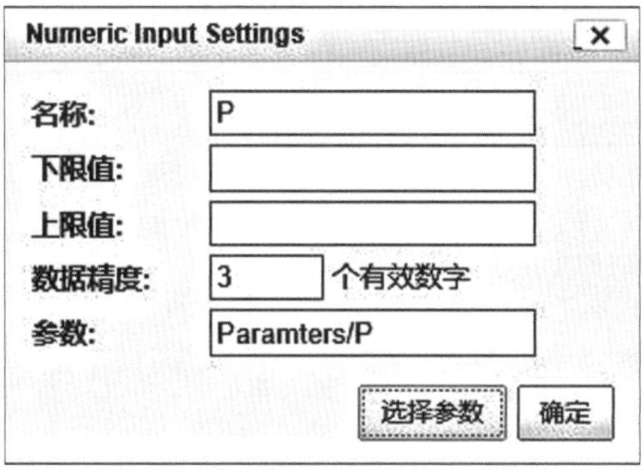

Numeric Input Settings
名称:
P
下限值:
上限值:
数据精度:
3
个有效数字
参数:
Paramters/P
选择参数
确定

图 9.9

输入组件 3：

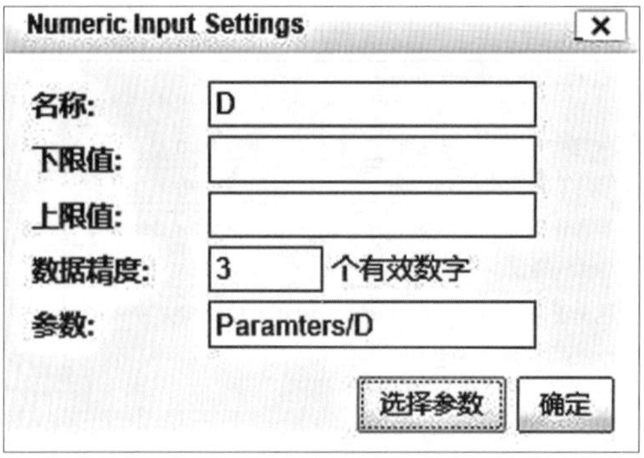

Numeric Input Settings

名称:	D
下限值:	
上限值:	
数据精度:	3 个有效数字
参数:	Paramters/D

选择参数　确定

图 9. 10

趋势图组件：

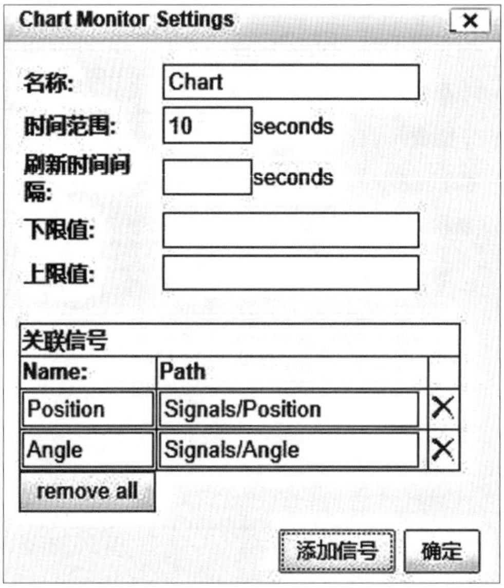

Chart Monitor Settings

名称:	Chart
时间范围:	10 seconds
刷新时间间隔:	seconds
下限值:	
上限值:	

关联信号

Name:	Path
Position	Signals/Position
Angle	Signals/Angle

remove all

添加信号　确定

图 9. 11

(5)点击“运行”按钮，开始进行虚拟实验。

(6)改变小球位置的设定值，观察虚拟的球杆系统的控制过程。如图 9. 12 所示。

(7)增大或者减小微分项的参数，改变小球位置的设定值，观察控制效果是怎么变化的。

(8)在不同的微分项取值情况下，将小球的设定值从 10 调整到 50，观察超调量和调节时间，完成表 9-1，分析微分对控制效果的影响。

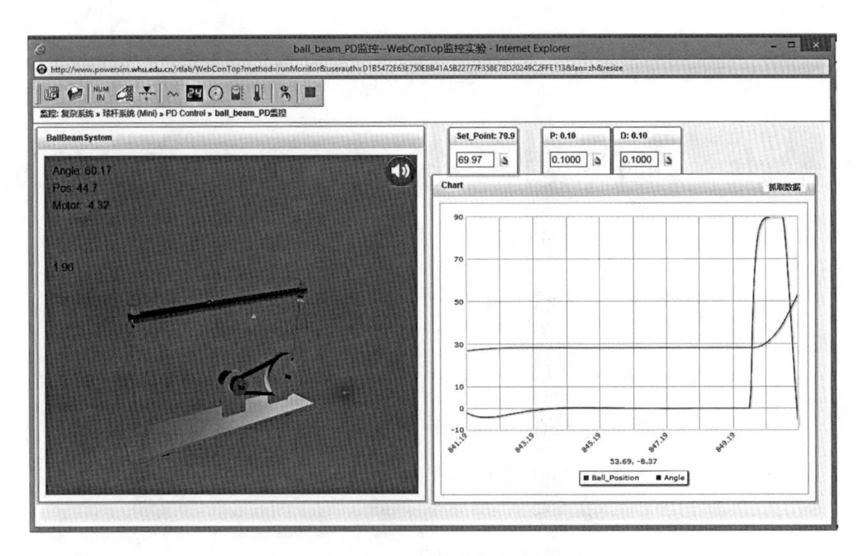

图 9.12　虚拟球杆系统的控制过程

表 9-1

微分参数	超调量	调节时间
0.3		
0.2		
0.1		
0		

五、思考题

(1)解释球杆系统的原理。

(2)分析 Simulink 框图，解释球杆系统 PD 算法的细节。

(3)结合本实验的结果，阐明微分作用的超前调节在控制系统中有什么作用。

六、实验报告

(1)需要将实验过程中的每一个关键步骤抓图粘贴到实验报告上。

(2)实验报告中要回答思考题中的问题。

实验十　虚拟线性一阶倒立摆的 LQR 控制

一、实验目的

(1)了解线性一阶倒立摆的结构、原理和数学模型。

(2)了解线性一阶倒立摆的 LQR 控制算法。

二、实验内容

(1)了解线性一阶倒立摆的原理、结构。

(2)了解线性一阶倒立摆数学模型的建立方法。

(3)使用远程虚拟实验的方式,操作虚拟的线性一阶倒立摆控制平台,实现 LQR 控制。

三、实验原理

1. 线性一阶倒立摆的原理

线性一阶倒立摆系统的机械本体主要由底座(导轨)、小车、驱动小车的交流伺服电机、同步皮带、摆杆、限位开关及光电码盘等组成,如图 10.1 所示。通过控制交流伺服电机,带动皮带转动,在皮带的带动下,小车可以在导轨上运动,从而控制摆杆的运动状态。交流伺服电机带有光电式脉冲编码盘,根据脉冲数目,可得出工作轴的回转角度,由传动比换算出小车线性位移。在小车的运动导轨上,有用于检测小车位置的传感器,小车位置的信号被传送给控制系统,通过控制算法计算出控制量控制电机,从而控制小车的位置,使摆杆垂直于水平面。我们的目的是设计一个控制器,通过控制电机的转动,使摆杆稳定在垂直于水平面的位置。

2. 线性一阶倒立摆的数学模型

若忽略空气阻力和各种摩擦力,可将线性一阶倒立摆系统抽象成小车和质量均匀的摆杆组成的系统,如图 10.2 所示,其中符号意为:

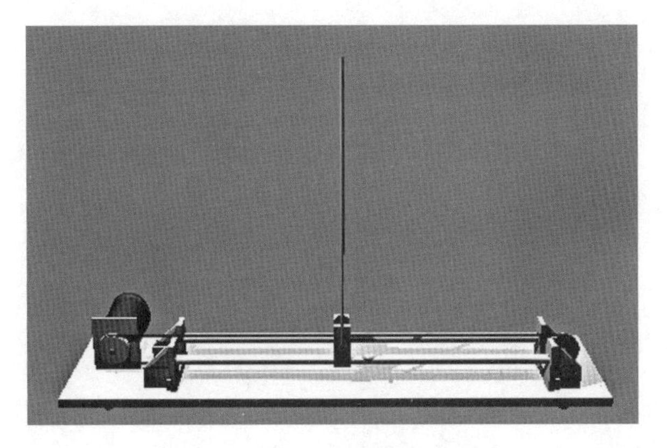

图 10.1　线性一阶倒立摆示意图

F—— 小车所受力；

l—— 摆杆转动轴心到摆杆质心的长度；

φ—— 摆杆与垂直向上方向的夹角。

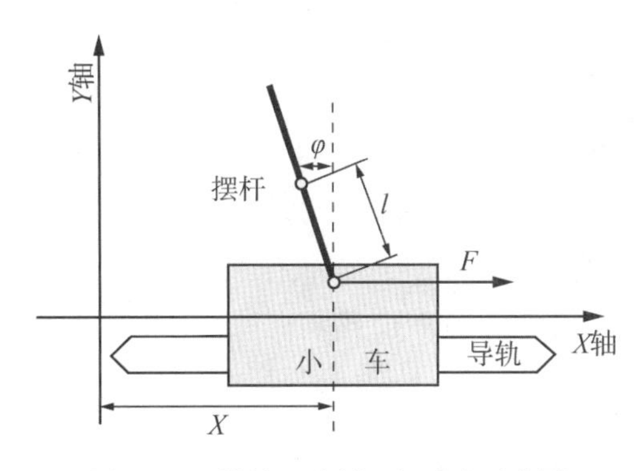

图 10.2　线性一阶倒立摆受力示意图

通过动力学分析建立拉格朗日方程可得到系统非线性动力学方程。若设定如下状态：

$$x_1 = x,\quad x_2 = \dot{x},\quad x_3 = \varphi,\quad x_3 = \dot{\varphi}$$

其中，x_1—— 小车相对于初始位置的位移；x_2—— 摆杆的转角；x_3—— 小车的速度；x_4—— 摆杆的角速度。

线性化后的系统状态空间方程为

$$\dot{X} = AX + Bu$$

$$Y = CX$$

其中，

$$X = [x_1 \quad x_2 \quad x_3 \quad x_4]^{\mathrm{T}}$$

$$C = I_{4\times 4}$$

代入参数，得参数矩阵为

$$A = \begin{bmatrix} 0 & 1 & 0 & 0 \\ 0 & -0.0883167 & 0.629317 & 0 \\ 0 & 0 & 0 & 1 \\ 0 & -0.235655 & 27.8285 & 0 \end{bmatrix}$$

$$B = \begin{bmatrix} 0 \\ 0.883167 \\ 0 \\ 2.35655 \end{bmatrix}$$

2. LQR 控制算法

在 Command Window 中输入：

```
A=[0 1 0 0; 0 -0.0883167 0.629317 0; 0 0 0 1; 0 -0.235655 27.8285 0];
B=[0; 0.883167; 0; 2.35655];
Q=[10 0 0 0; 0 1 0 0; 0 0 10 0; 0 0 0 1];
R=1;
K=lqr(A, B, Q, R)
```

得反馈矩阵 K=[-3.1623　-4.2854　37.3882　7.2137]

设定摆杆初始位置为导轨的中点，导轨长度为 1.4m，设定小车的期望平衡位置为 50cm 处，建立如图 10.3 所示的 Simulink 控制框图，其中模型部分根据线性一阶倒立摆

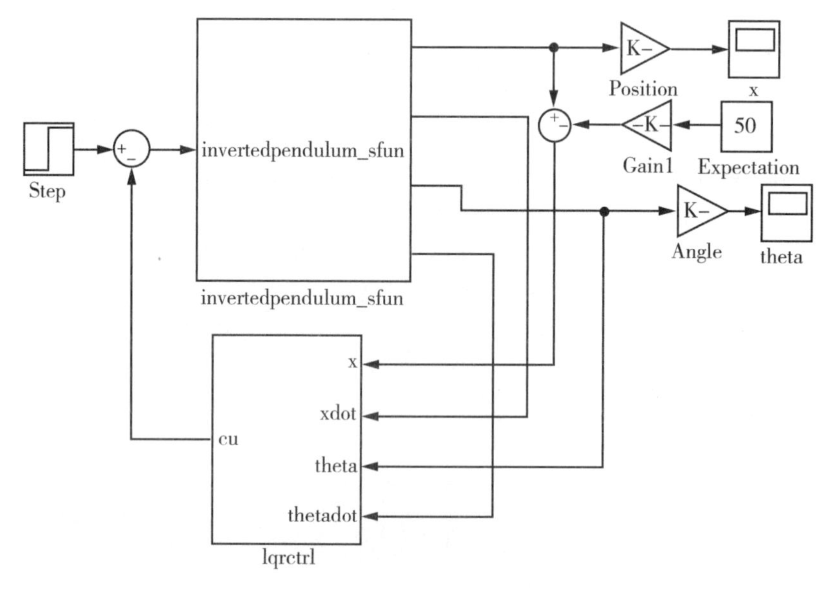

图 10.3　线性一阶倒立摆 Simulink 框图

非线性模型由 S 函数编写，控制模块根据 LQR 控制方法建立。得到如图 10.4 所示的输出曲线(小车位置)和如图 10.5 所示的输出曲线(摆杆角度)。

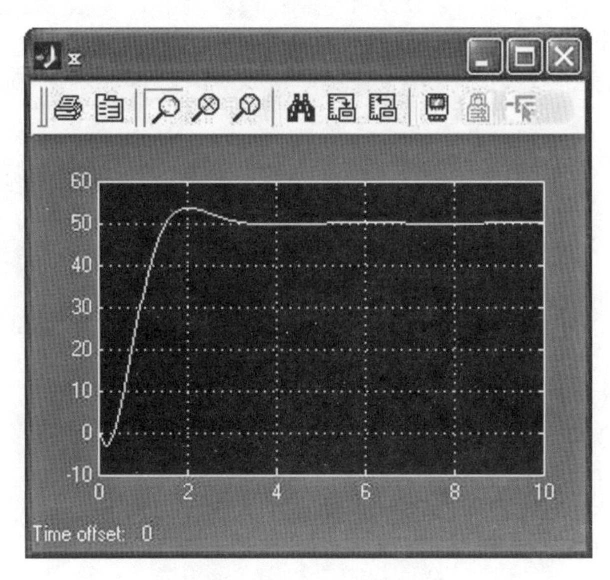

图 10.4　小车位置图

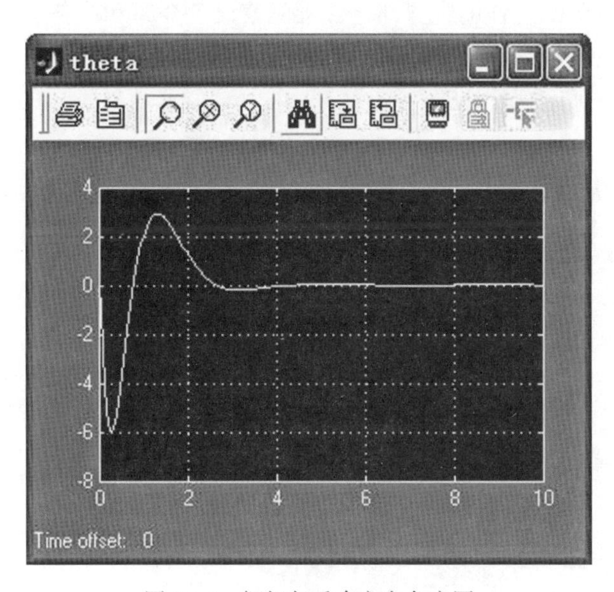

图 10.5　摆杆与垂直方向角度图

三、实验步骤

(1)登录 NCSLab，在倒立摆实验室中找到一阶线性倒立摆虚拟实验台，如图 10.6

所示。

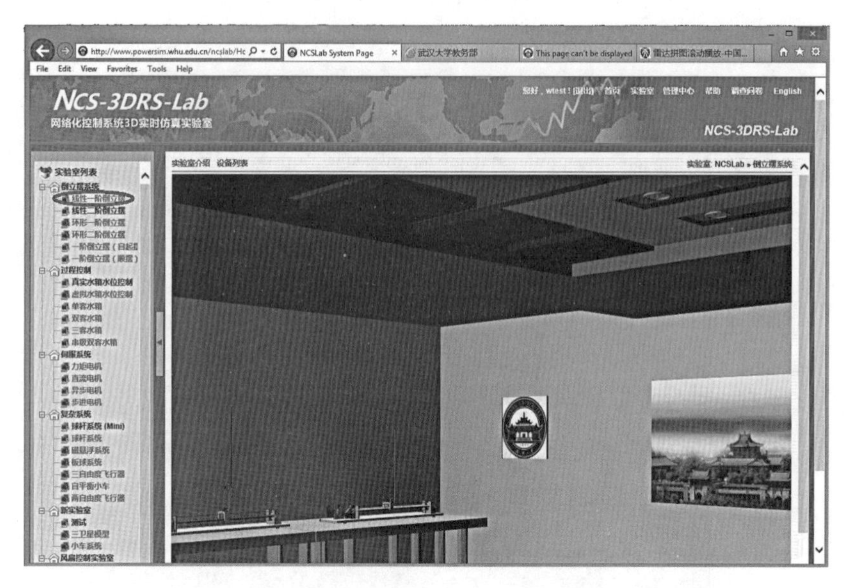

图 10.6　找到线性一阶倒立摆系统

(2)进入线性一阶倒立摆的主界面，仔细阅读设备介绍和设备文档。

(3)在实验算法中选择 LQR Control，下载到远程控制器中。

(4)新建组态，如图 10.7 所示。

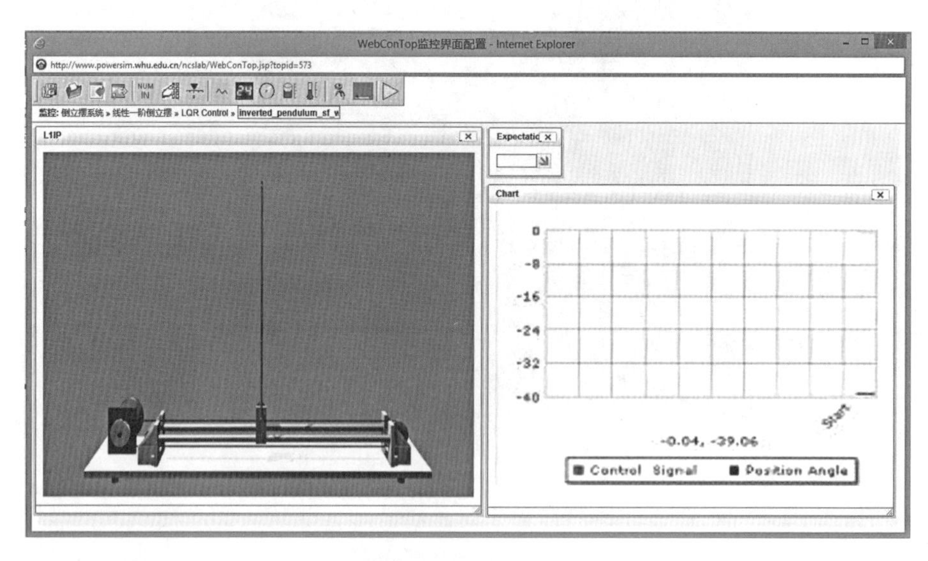

图 10.7　组态图

建立如下的关联关系(图 10.8~图 10.10)：

三维组件：

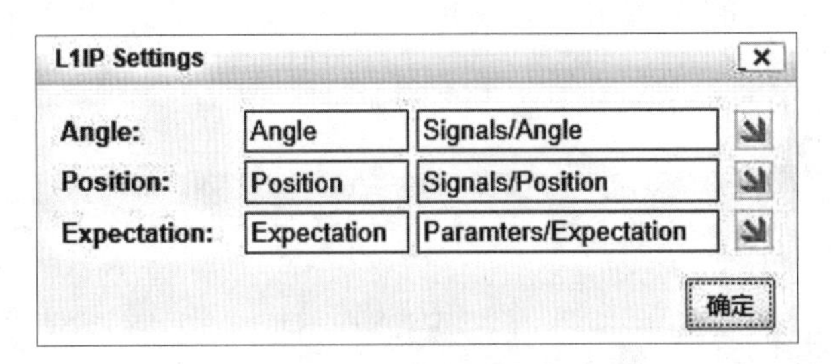

图 10.8

输入组件：

Numeric Input Settings

名称: Expectation

下限值:

上限值:

数据精度: 3 个有效数字

参数: Paramters/Expectation

选择参数　确定

图 10.9

趋势图组件：

Chart Monitor Settings

名称: Chart

时间范围: 10 seconds

刷新时间间隔: seconds

下限值:

上限值:

关联信号

Name:	Path
Angle	Signals/Angle
Position	Signals/Position

remove all

添加信号　确定

图 10.10

(5)点击“运行”按钮，开始进行虚拟实验。

(6)改变小车位置的设定值，观察虚拟的倒立摆系统的控制过程。如图 10.11 所示。

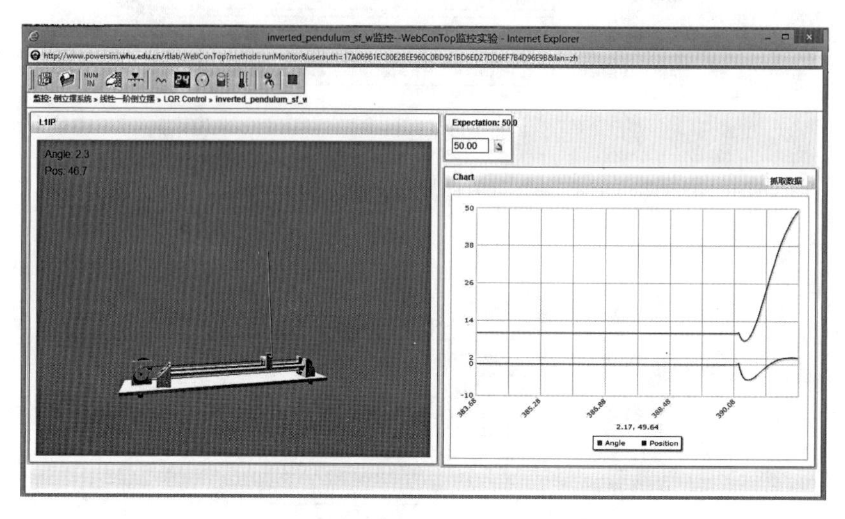

图 10.11　虚拟线性一阶倒立摆的控制过程

五、思考题

(1)解释一阶倒立摆系统的原理。

(2)分析 Simulink 框图，阐述一阶倒立摆系统 LQR 算法的细节。

六、实验报告

(1)需要将实验过程中的每一个关键步骤抓图粘贴到实验报告上。

(2)实验报告中要回答思考题中的问题。

实验十一　虚拟线性二阶倒立摆的 LQR 控制

一、实验目的

(1)了解线性二阶倒立摆的结构、原理和数学模型。

(2)了解线性二阶倒立摆的 LQR 控制算法。

二、实验内容

(1)了解线性二阶倒立摆的原理、结构。

(2)了解线性二阶倒立摆数学模型的建立方法。

(3)使用远程虚拟实验的方式，操作虚拟的线性二阶倒立摆控制平台，实现 LQR 控制。

三、实验原理

1. 线性二阶倒立摆的结构和工作原理

线性二阶倒立摆系统主要由底座(导轨)、小车、驱动小车的交流伺服电机、同步皮带、一阶摆杆、二阶摆杆、限位开关及光电码盘等组成，如图 11.1 所示。通过控制交流伺服电机，带动皮带转动，在皮带的带动下，小车可以在导轨上运动，从而控制两阶摆杆的运动状态。交流伺服电机带有光电式脉冲编码盘，根据脉冲数目，可得出工作轴的回转角度，由传动比换算出小车线性位移。在小车的运动导轨上，有用于检测小车位置的传感器，小车位置的信号被传送给控制系统，通过控制算法计算出控制量控制电机，从而控制小车的位置，使两阶摆杆垂直于水平面。我们的目的是设计一个控制器，通过控制电机的转动，使两阶摆杆稳定在垂直于水平面的位置。

2. 线性二阶倒立摆的数学模型

若忽略空气阻力和各种摩擦力之后，可将线性二阶倒立摆系统抽象成小车和质量均匀的摆杆组成的系统，如图 11.2 所示。其中符号意为：

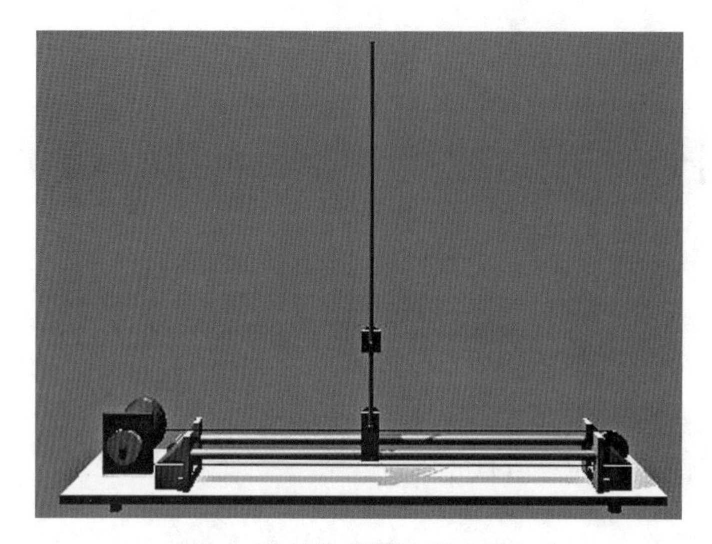

图 11.1　线性二阶倒立摆示意图

F—— 小车所受力；

θ_1—— 一阶摆杆与垂直向上方向的夹角(摆杆初始位置为垂直向下)；

θ_2—— 二阶摆杆与垂直向上方向的夹角(摆杆初始位置为垂直向下)。

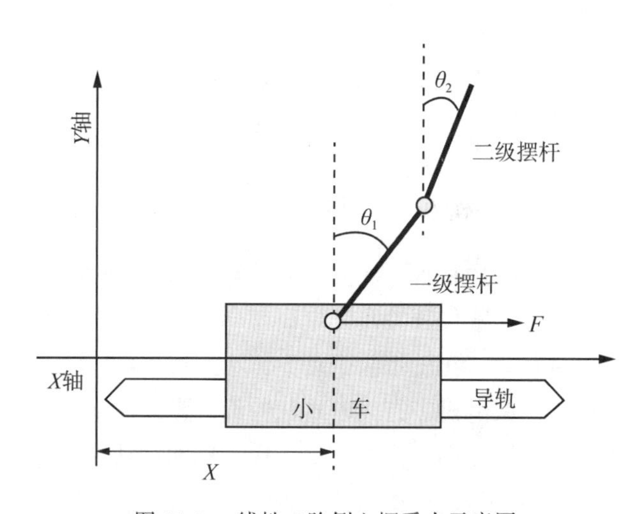

图 11.2　线性二阶倒立摆受力示意图

通过动力学分析建立拉格朗日方程，可得到系统分析非线性动力学方程。若设定如下的状态：

$$x_1 = x,\quad x_2 = \theta_1,\quad x_3 = \theta_2,\quad x_4 = \dot{x},\quad x_5 = \dot{\theta}_1,\quad x_6 = \dot{\theta}_2$$

其中，

x_1—— 小车相对于初始位置的位移；

x_2—— 一阶摆杆(下摆杆) 的转角；

x_3—— 二阶摆杆(上摆杆) 的转角；

x_4—— 小车的速度；

x_5—— 一阶摆杆(下摆杆) 的角速度；

x_6—— 二阶摆杆(上摆杆) 的角速度。

代入参数，可得系统在竖直向上位置处的状态空间方程为

$$\dot{X} = AX + Bu$$

$$Y = CX$$

其中，

$$X = [x_1 \quad x_2 \quad x_3 \quad x_4 \quad x_5 \quad x_6]^{\mathrm{T}}$$

$$A = \begin{bmatrix} 0 & 0 & 0 & 1 & 0 & 0 \\ 0 & 0 & 0 & 0 & 1 & 0 \\ 0 & 0 & 0 & 0 & 0 & 1 \\ 0 & -11.689 & 1.2821 & -20.2945 & 0.0624 & -0.02 \\ 0 & 114.8452 & -44.3562 & 70.7948 & -0.7292 & 0.3119 \\ 0 & -123.5638 & 102.0255 & -21.6317 & 0.9825 & -0.5335 \end{bmatrix}$$

$$B = [0 \quad 0 \quad 0 \quad 1.6236 \quad -5.6636 \quad 1.7305]^{\mathrm{T}}$$

$$C = I_{6\times 6}$$

3. 演示算法:LQR 控制方法

在 Command Window 中输入：

```
A=[0 0 0 1 0 0;0 0 0 0 1 0;0 0 0 0 0 1;0 -11.689 1.2821 -20.2945 0.0624 -0.02;0 114.8452 -44.3562 70.7948 -0.7292 0.3119;0 -123.5638 102.0255 -21.6317 0.9825 -0.5335];
B=[0;0;0;1.6236;-5.6636;1.7305];
Q=[10 0 0 0 0 0;0 10 0 0 0 0;0 0 10 0 0 0;0 0 0 1 0 0;0 0 0 0 1 0;0 0 0 0 0 1];
R=0.2;
K=lqr(A, B, Q, R)
```

得反馈矩阵 K=[7.0711 -185.9545 276.7819 5.1163 4.0862 30.1920]

设定摆杆初始位置为导轨的中点，导轨长度为 1.4m，设定小车的期望平衡位置为 50cm 处，建立如图 11.3 所示的 Simulink 控制框图，其中模型部分根据线性一阶倒立摆非线性模型由 S 函数编写，控制模块根据 LQR 控制方法建立。得到如图 11.4 所示的输出曲线(小车位置)、如图 11.5 所示的输出曲线(一阶摆杆角度)和如图 11.6 所示的输

出曲线(二阶摆杆角度)。

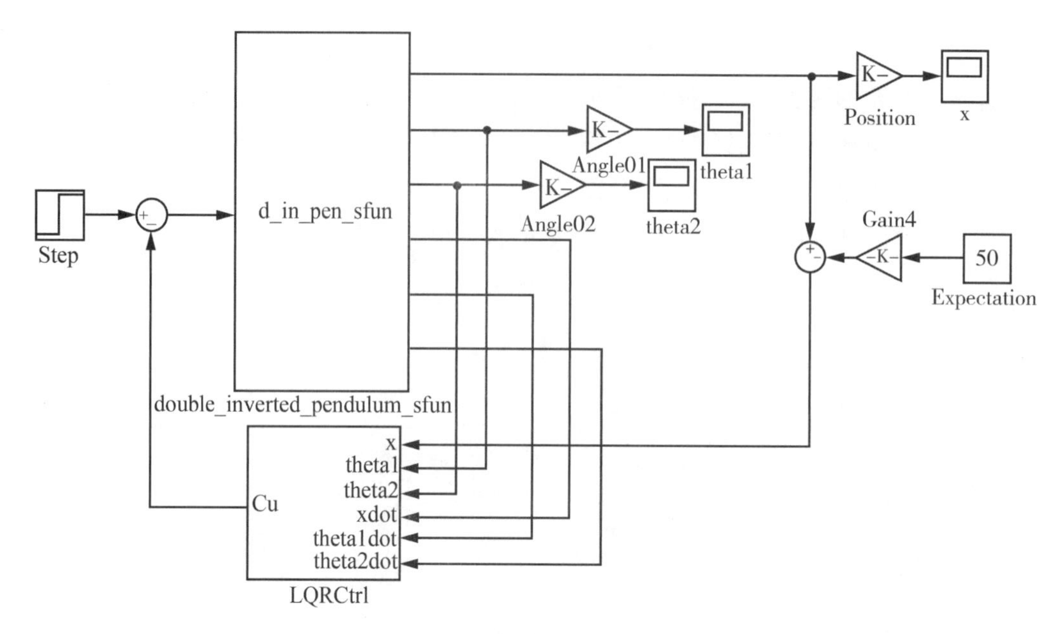

图 11.3　线性二阶倒立摆的 Simulink 框图

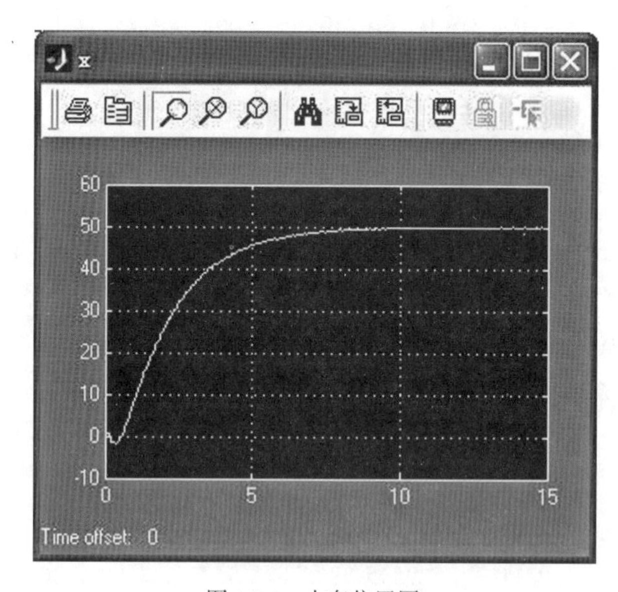

图 11.4　小车位置图

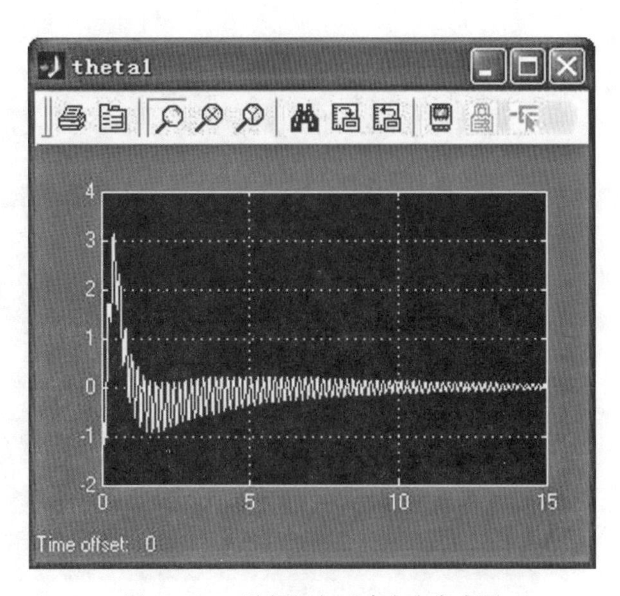

图 11.5　一阶摆杆与垂直方向角度图

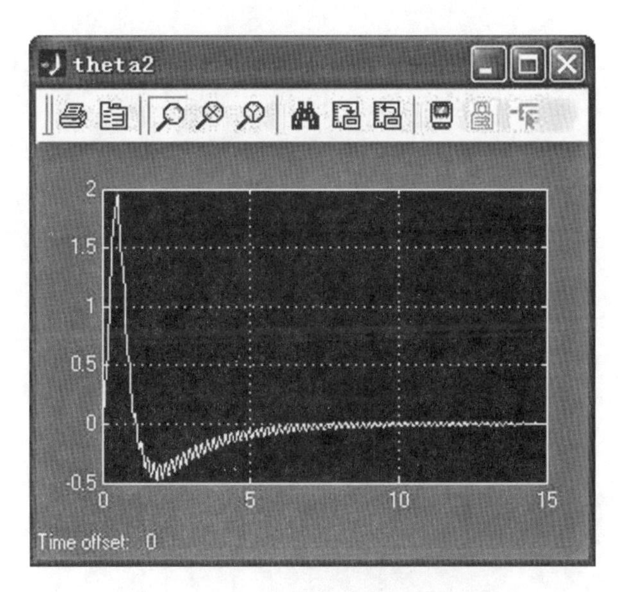

图 11.6　二阶摆杆与垂直方向角度图

三、实验步骤

(1)登录 NCSLab，在倒立摆实验室中找到二阶线性倒立摆虚拟实验台，如图 11.7 所示。

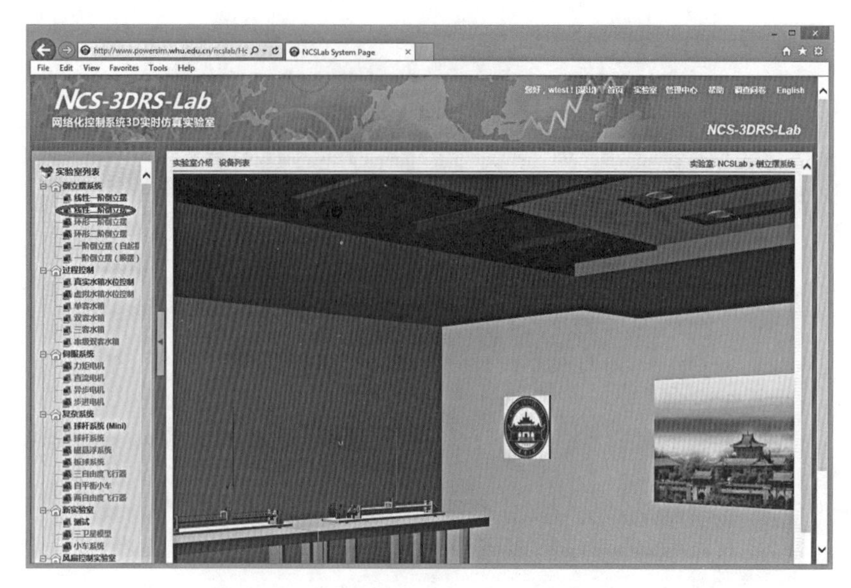

图 11.7　找到线性二阶倒立摆系统

(2)进入线性二阶倒立摆的主界面，仔细阅读设备介绍和设备文档。

(3)在实验算法中选择 LQR Control，下载到远程控制器中。

(4)新建组态，如图 11.8 所示。

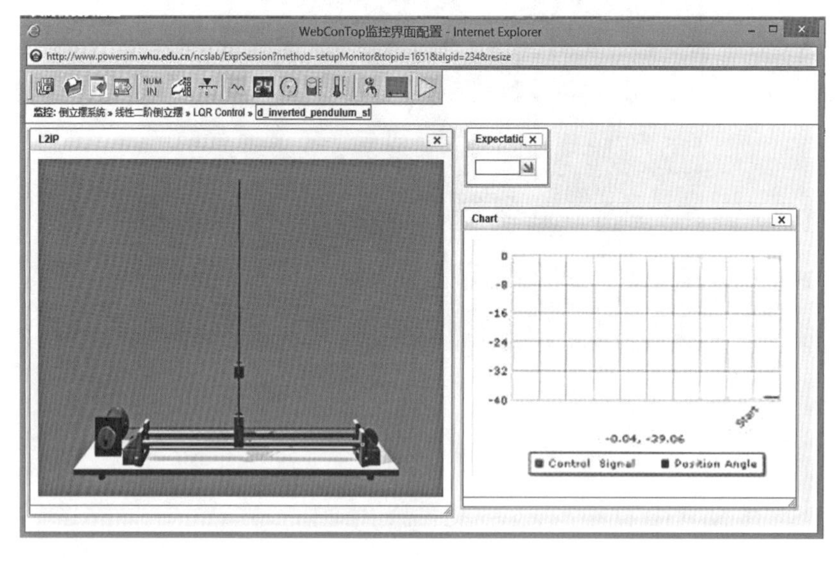

图 11.8　组态图

建立如下的关联关系(图 11.9~图 11.11)：

三维组件：

L2IP Settings
Angle01:
Angle01
Signals/Angle01
Angle02:
Angle02
Signals/Angle02
Position:
Position
Signals/Position
确定

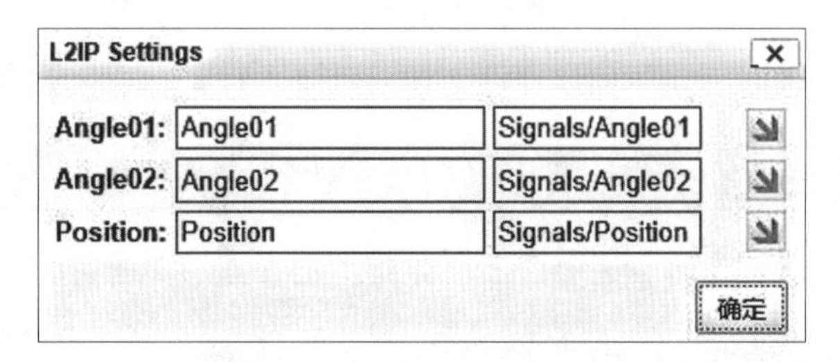

图 11.9

输入组件：

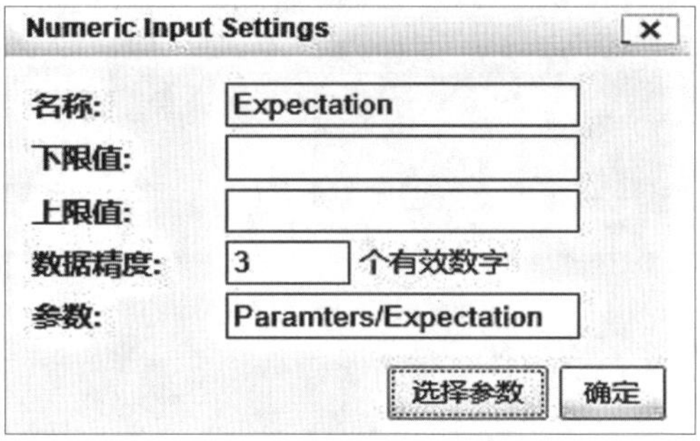

Numeric Input Settings
名称:
Expectation
下限值:
上限值:
数据精度:
3
个有效数字
参数:
Paramters/Expectation
选择参数
确定

图 11.10

趋势图组件：

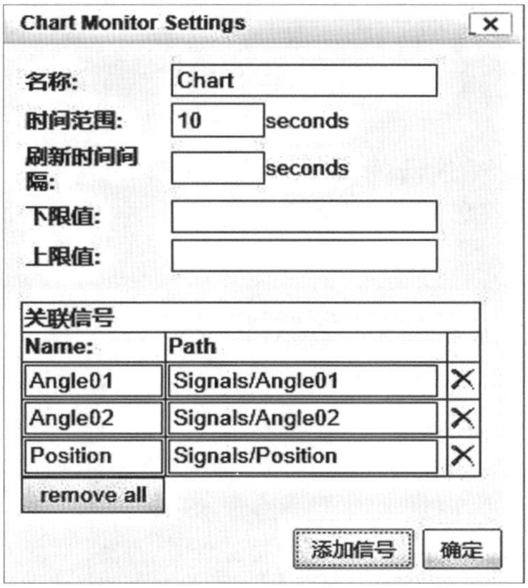

Chart Monitor Settings
名称:
Chart
时间范围:
10
seconds
刷新时间间隔:
seconds
下限值:
上限值:
关联信号
Name:
Path
Angle01
Signals/Angle01
Angle02
Signals/Angle02
Position
Signals/Position
remove all
添加信号
确定

图 11.11

(5)点击“运行”按钮，开始进行虚拟实验。

(6)改变小车位置的设定值，观察虚拟的倒立摆系统的控制过程。如图 11.12 所示。

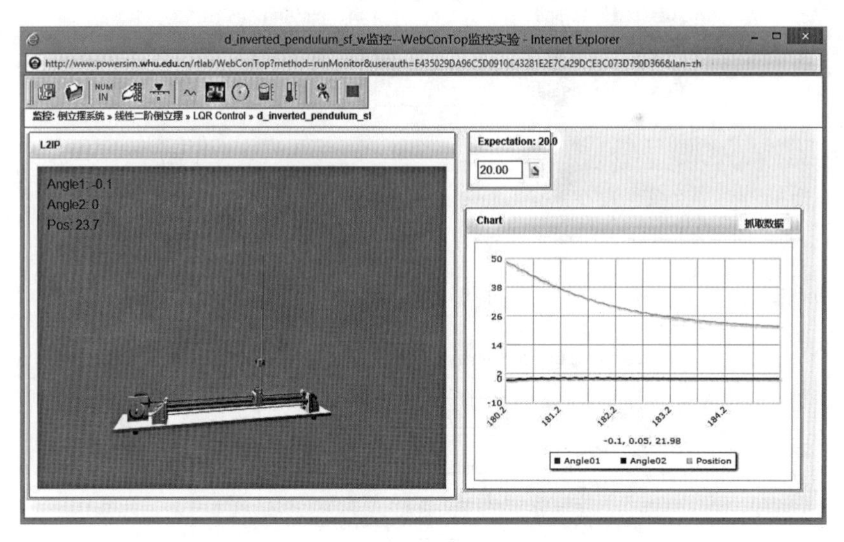

图 11.12　虚拟线性二阶倒立摆的控制过程

五、思考题

(1)阐释二阶倒立摆系统的原理。

(2)分析 Simulink 框图，阐述二阶倒立摆系统 LQR 算法的细节。

六、实验报告

(1)需要将实验过程中的每一个关键步骤抓图粘贴到实验报告上。

(2)实验报告中要回答思考题中的问题。

实验十二　风扇系统数学模型的辨识(综合性实验)

一、实验目的

(1)了解系统辨识过程中的实验设置，数据采集的方法。

(2)了解使用 Matlab 工具，进行数据分析，辨识被控对象数学模型的方法。

二、实验内容

(1)了解风扇控制系统的原理、结构。

(2)了解使用 NCSLab 平台进行远程数据采集实验的方法。

(3)了解使用 NCSLab 平台进行远程数据采集的方法。

(4)了解使用 Matlab 的系统辨识工具箱，使用采集的数据，进行风扇控制系统数学模型辨识的方法。

三、实验原理

1. 风扇控制系统原理

风扇控制系统放置在电力生产过程国家级虚拟仿真实验教学中心的实验室中，如图 12.1 所示。它已经连入 NCSLab 网络控制平台，允许学生使用 Internet 进行远程访问。

图 12.1　实体的风扇控制系统

其原理框图如图 12.2 所示。使用控制器在风扇上施加电压，就能驱动风扇转动。通过测量风扇叶片转动的频率，就可以得到风扇的转速。在控制器上使用反馈控制算法，就可以将风扇调节到我们需要的转速。

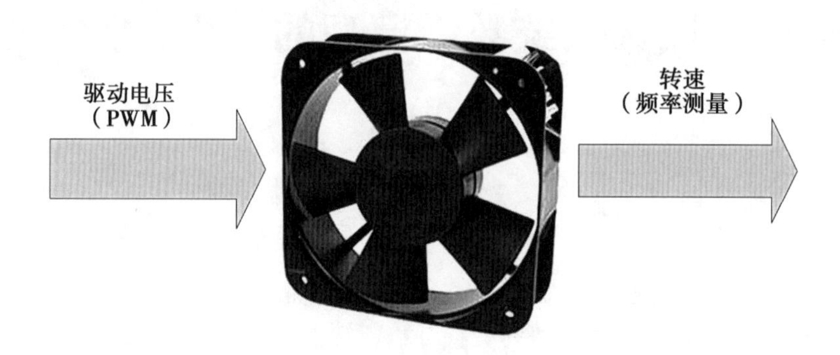

图 12.2　风扇系统的原理

2. 风扇系统数学模型辨识的 Simulink 框图

选择合适输入信号，施加到风扇控制系统上，建立系统辨识的框图，如图 12.3 所示。

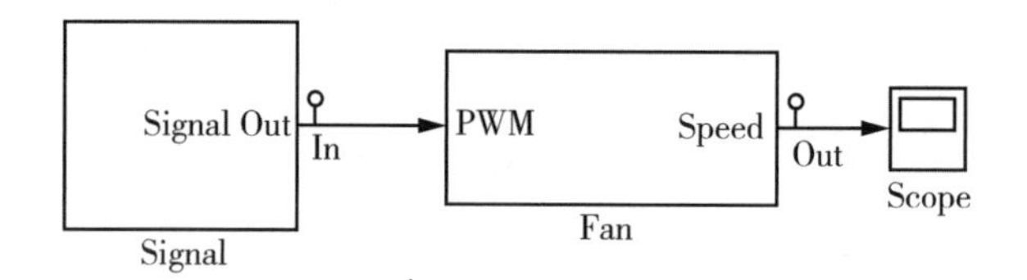

图 12.3　风扇系统的原理

其中，信号机理模块 Signal 的结构如图 12.4 所示，它可以生成频率均匀变化的方波，幅值在 0.1 到 0.9 之间，如图 12.5 所示。

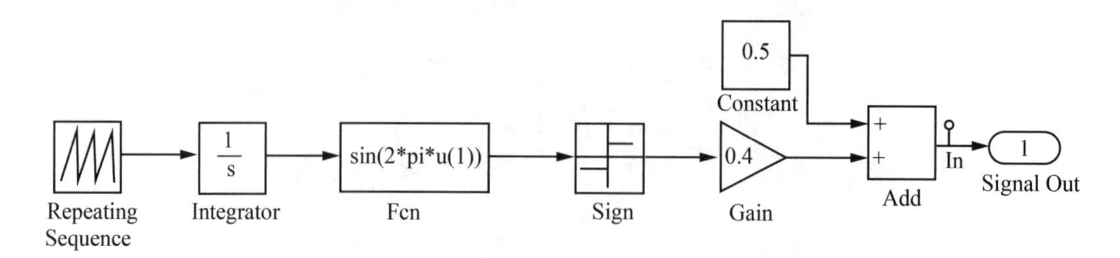

图 12.4　信号发生模块的机构

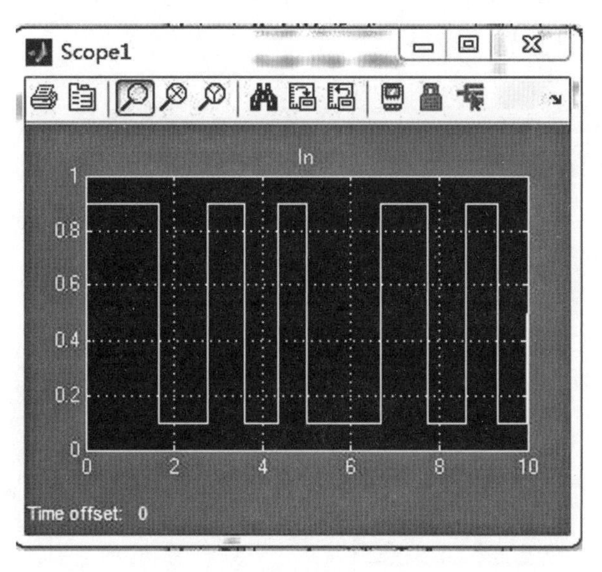

图 12.5　激励信号的波形

3. 风扇系统数学模型辨识的实验和数据采集

使用 Matlab 的 RTW 工具箱，生成可执行的程序，通过 NCSLab 网站下载到远程的实验平台上进行实验。通过网站远程采集风扇系统的输入量和输出量，将实验数据保存在文件中。

4. 风扇系统数学模型辨识的辨识

使用 Matlab 的系统辨识工具箱，将实验数据导入到工作区中，一部分数据作为辨识量，另一部分作为验证量。辨识出系统的数学模型。

四、实验步骤

(1)安装 VMware 虚拟机软件。

(2)将带有 Matlab 和 Visual Studio 的 Win7 虚拟机导入到虚拟机软件中。

(3)在虚拟机软件中运行 Win7 系统。

(4)打开虚拟机中的 Matlab 软件，打开 Simulink。

(5)在 Simulink 中打开 FanIdent. mdl 文件，使用 RTW 工具，生成可执行程序 FanIdent. exe。

(6)使用 Simulink 生成可执行算法，通过复制粘贴把可执行程序从虚拟机中拷贝出来。

(7)去掉可执行文件的“. exe”后缀，使用自己的账号登录 NCSLab，将算法文件上传到服务器上。

(8)获得系统控制权，将上传算法下载到远程的风扇控制系统中去。

(9)建立组态，如图 12.6 所示。

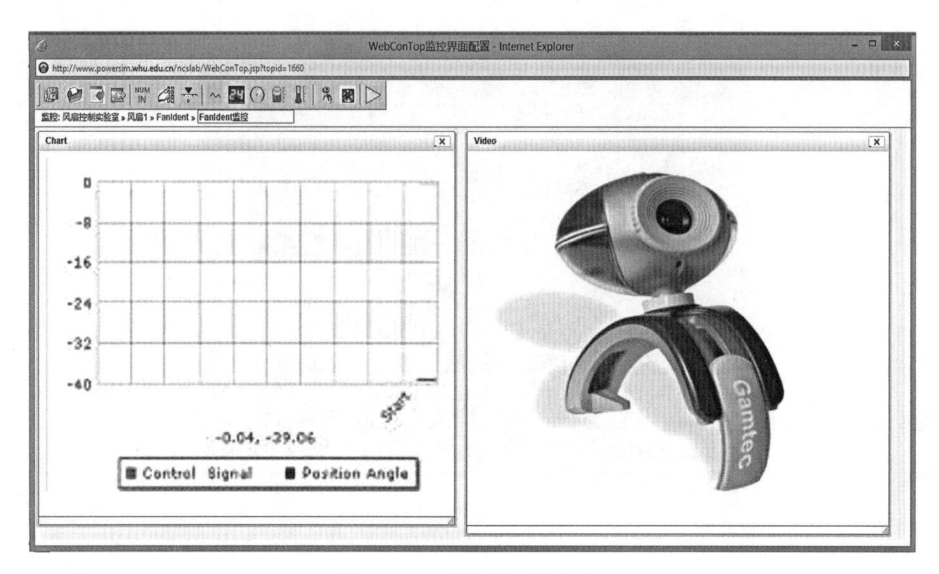

图 12.6　系统辨识的组态

其中，趋势图的关联关系如图 12.7 所示。

Chart Monitor Settings

名称:	Chart
时间范围:	10 seconds
刷新时间间隔:	seconds
下限值:	
上限值:	

关联信号

Name:	Path
In	Signals/In
Speed	Signals/Speed

remove all

添加信号　确定

图 12.7

(10)点击“运行”按钮，开始远程实验，如图 12.8 所示。

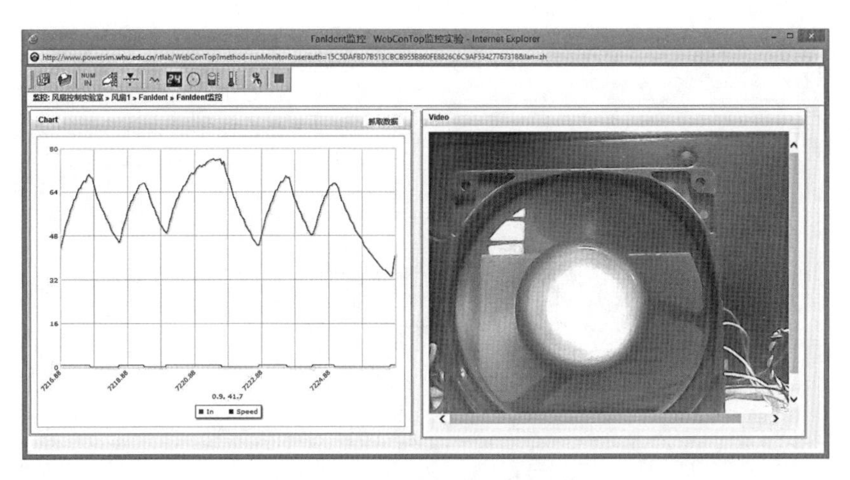

图 12.8 数据采集实验界面

(11)点击“抓取数据”按钮，将实时数据保存，并用记事本打开，如图 12.9 所示。

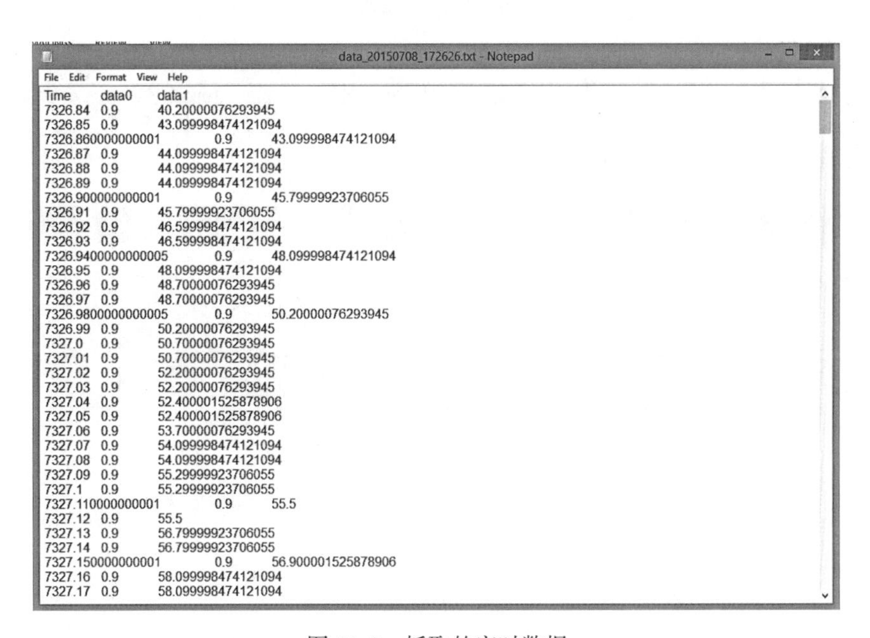

```
data_20150708_172626.txt - Notepad
File Edit Format View Help
Time	data0	data1
7326.84	0.9	40.20000076293945
7326.85	0.9	43.099998474121094
7326.860000000001	0.9	43.099998474121094
7326.87	0.9	44.099998474121094
7326.88	0.9	44.099998474121094
7326.89	0.9	44.099998474121094
7326.900000000001	0.9	45.79999923706055
7326.91	0.9	45.79999923706055
7326.92	0.9	46.599998474121094
7326.93	0.9	46.599998474121094
7326.9400000000005	0.9	48.099998474121094
7326.95	0.9	48.099998474121094
7326.96	0.9	48.70000076293945
7326.97	0.9	48.70000076293945
7326.9800000000005	0.9	50.20000076293945
7326.99	0.9	50.20000076293945
7327.0	0.9	50.70000076293945
7327.01	0.9	50.70000076293945
7327.02	0.9	52.20000076293945
7327.03	0.9	52.20000076293945
7327.04	0.9	52.400001525878906
7327.05	0.9	52.400001525878906
7327.06	0.9	53.70000076293945
7327.07	0.9	54.099998474121094
7327.08	0.9	54.099998474121094
7327.09	0.9	55.29999923706055
7327.1	0.9	55.29999923706055
7327.110000000001	0.9	55.5
7327.12	0.9	55.5
7327.13	0.9	56.79999923706055
7327.14	0.9	56.79999923706055
7327.150000000001	0.9	56.900001525878906
7327.16	0.9	58.099998474121094
7327.17	0.9	58.099998474121094
```

图 12.9 抓取的实时数据

(12)抓取两组数据，导入到 Matlab 中，这两组数据的输入序列分别命名 u1 和 u2，输出序列分别命名 y1 和 y2。

(13)打开系统辨识工具箱，将两组数据导入，其中一组取名 estimate，用于辨识；另一组取名 validate，用于验证。分别导入系统辨识工具箱的 GUI 界面中，如图 12.10 所示。

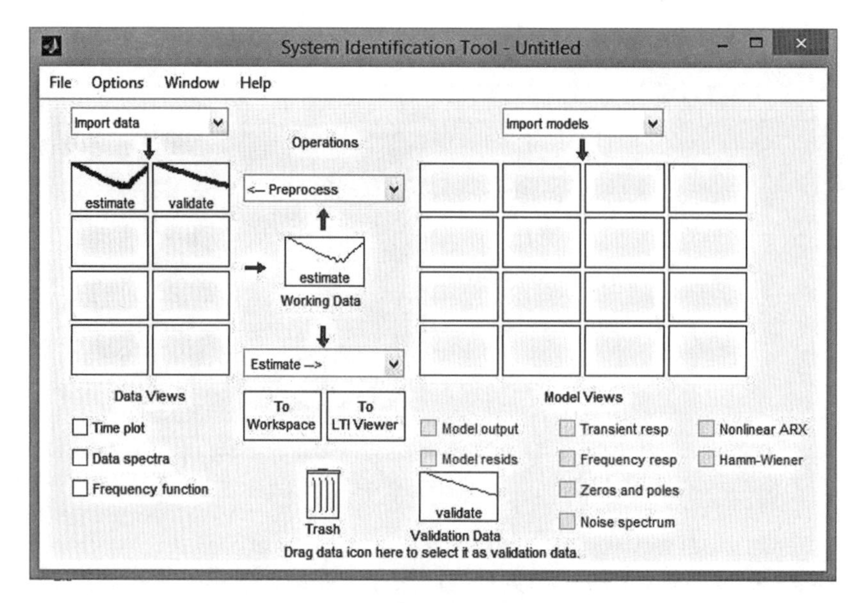

图 12.10 将两组数据导入系统辨识工具箱

(14)进行系统辨识，获得几组候选模型，如 arx212、arx222、arx772 等，如图 12.11 所示。

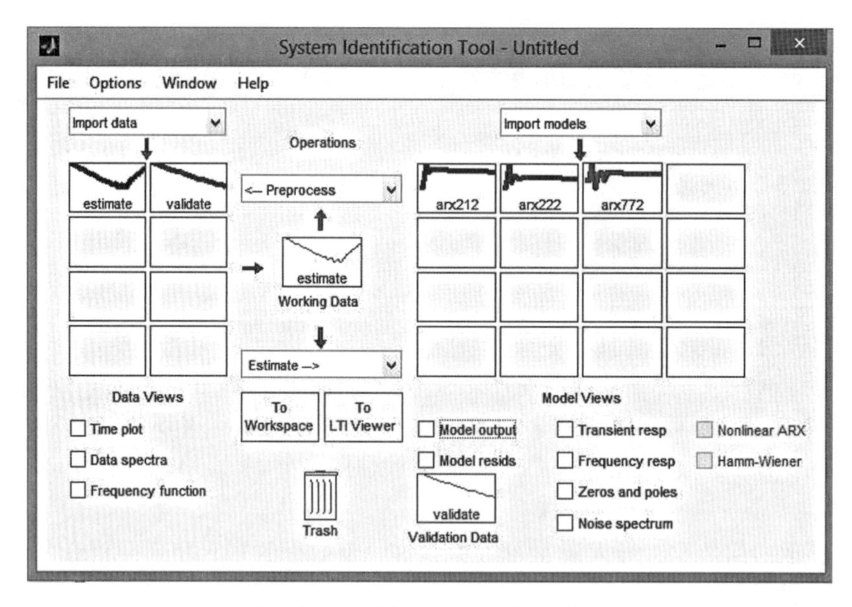

图 12.11 获得几组候选数学模型

(15)根据 Model Output 选择一个最佳的数学模型，如图 12.12 所示。

(16)将最佳的数学模型导出到 Matlab 的工作区中，得到表达式，附在实验报告中。

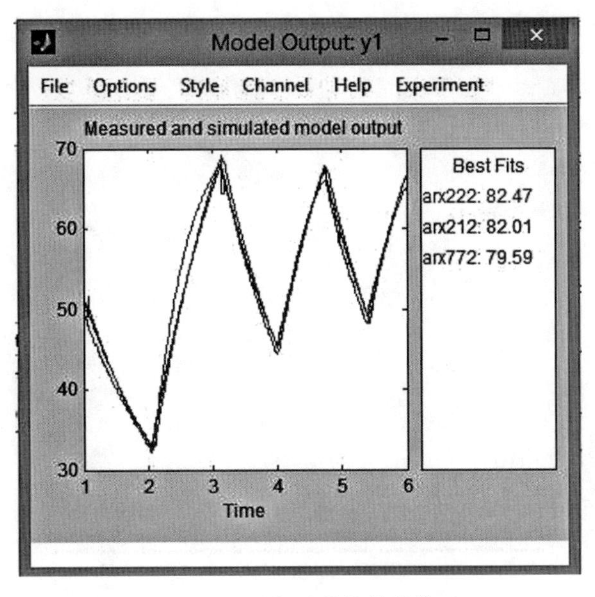

图 12.12　选择最佳的数学模型

五、思考题

(1)什么是振幅因数？为什么在进行系统辨识实验中，我们要选取振幅因数较大的输入信号序列？

(2)能否优化系统辨识的实验设置，如采用不同的输入数据序列，获得更加准确的数学模型？(有附加分数 10 分)

六、实验报告

(1)需要将实验过程中的每一个关键步骤抓图粘贴到实验报告上。

(2)实验报告中要回答思考题中的问题。

第二部分　技术说明书

一、NCSLab 添加设备

NCSLab 的扩展在于增添新设备，在现有的基础上添加新设备非常容易。

只需了解基本原理，即两个服务器 ncslab 和 rtlab 相互调用，配置好 ncslab 和 rtlab 的相关内容即可。下面以添加 Newdoubletank 设备为例进行说明。

（1）打开 MyEclipse，在数据库 MySQL 开启文件 startup. bat 开启的情况下，打开 Tomcat 服务器，成功开启后，输入用户名和密码登录网站。如果之前没有注册，则需要输入激活码。

（2）点击页面右上侧“管理中心”，到左侧“设备管理”中点击“添加新设备”，选择正确的实验室，输入并记住设备的中英文名，之后的环节会用上。输入 NetCon 的 IP，以便后续实时仿真使用。这些都不能出错，如果出错，将不会成功添加设备。排序值一般填“1”即可。网页端的配置基本完成。

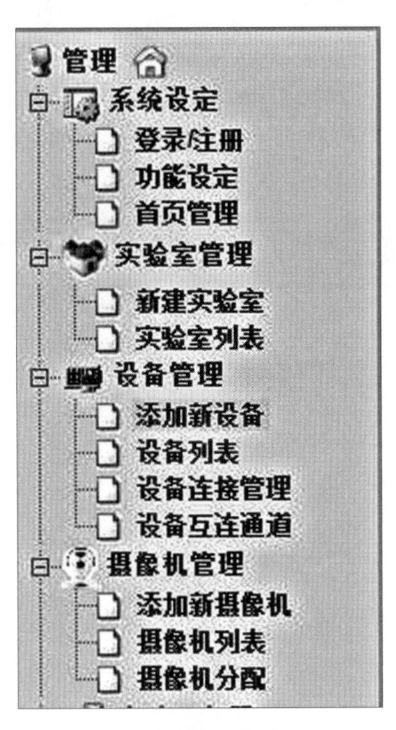

图 1　添加设备界面

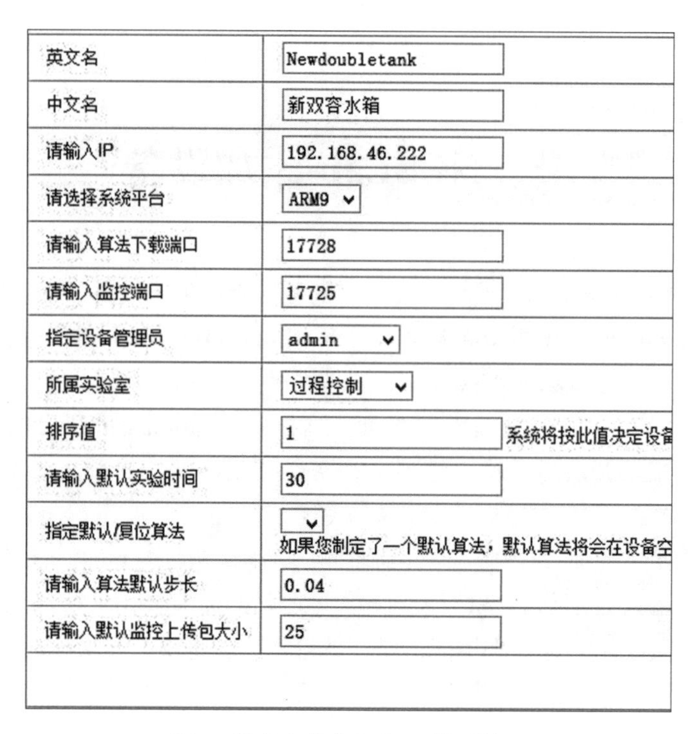

英文名	Newdoubletank
中文名	新双容水箱
请输入IP	192.168.46.222
请选择系统平台	ARM9
请输入算法下载端口	17728
请输入监控端口	17725
指定设备管理员	admin
所属实验室	过程控制
排序值	1　系统将按此值决定设备
请输入默认实验时间	30
指定默认/复位算法	如果您制定了一个默认算法，默认算法将会在设备空
请输入算法默认步长	0.04
请输入默认监控上传包大小	25

图 2　设备名称定义和 IP 设置界面

(3)从这一步到第(7)步，都在 MyEclipse 中完成。默认模型已经在三维软件中建好，并且导出的 .obj 和 .mtl 文件已经在 Flash Builder 中渲染和控制。然后，导出(export).swf

Export Release Build

Export Release Build
Files already in the export destination folder may be overwritten.
Project: Flashes
Application: Newdoubletank.as
View source
Include source (Learn how to add a "View Source" menu item)
Choose Source Files...
Export
Export to folder: F:/3D/files/rtlab/rtlab/WebRoot/webcontop/ThreeD　Browse...
< Back　Next >　Finish　Cancel

图 3　Flash Builder 导出 .swf 界面

到 rtlab/webroot/webcontop/ThreeD 中。同时，对应的 . obj 和 . mtl 文件必须放在 ncslab 和 rtlab 相应的 Models 文件夹下面，注意在 rtlab 中不止一个 Models。

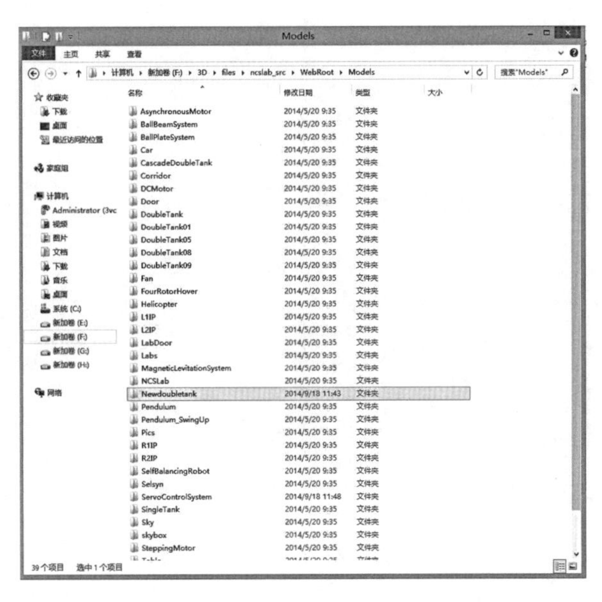

图 4　. obj 和 . mtl 文件添加到 ncslab/Models

图 5　. obj 和 . mtl 文件添加到 rtlab/Models

(4)接下来，在 ncslab 和 rtlab 中同步配置。二者添加和更改的成分差不多。在 ncslab/webroot/webcontop/js/Action. js 中，修改以下内容：

图 6　. obj 和 . mtl 文件添加到 rtlab/Models

① 在 Newwidget 处找到“else. . . if. . . ”“w =”，根据实际设备添加。

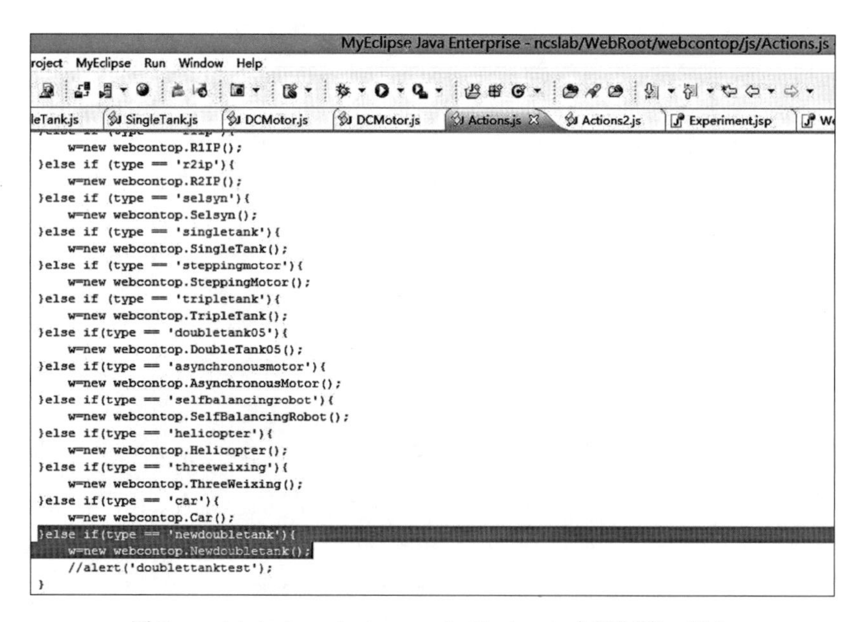

图 7　ncslab/webroot/webcontop/js/Action. js 中添加第一部分

② YAHOO. util. event. addEventListener( )。

而在对应的 rtlab 相应文件夹中，只需修改①即可。

```
YAHOO.util.Event.addListener("L1IP", "click",NewWidget, 'l1ip');
YAHOO.util.Event.addListener("DoubleTank05", "click",NewWidget, 'doubletank05');
YAHOO.util.Event.addListener("BallBeamSystem", "click",NewWidget, 'ballbeamsystem');
YAHOO.util.Event.addListener("L2IP", "click",NewWidget, 'l2ip');
YAHOO.util.Event.addListener("CascadeDoubleTank", "click",NewWidget, 'cascadedoubletank');
YAHOO.util.Event.addListener("DCMotor", "click",NewWidget, 'dcmotor');
YAHOO.util.Event.addListener("R1IP", "click",NewWidget, 'r1ip');
YAHOO.util.Event.addListener("R2IP", "click",NewWidget, 'r2ip');
YAHOO.util.Event.addListener("MagneticLevitationSystem", "click",NewWidget, 'magneticlevitationsystem')
YAHOO.util.Event.addListener("FourRotorHover", "click",NewWidget, 'fourrotorhover');
YAHOO.util.Event.addListener("Selsyn", "click",NewWidget, 'selsyn');
YAHOO.util.Event.addListener("SingleTank", "click",NewWidget, 'singletank');
YAHOO.util.Event.addListener("SteppingMotor", "click",NewWidget, 'steppingmotor');
YAHOO.util.Event.addListener("BallPlateSystem", "click",NewWidget, 'ballplatesystem');
YAHOO.util.Event.addListener("AsynchronousMotor", "click",NewWidget, 'asynchronousmotor');
YAHOO.util.Event.addListener("SelfBalancingRobot", "click",NewWidget, 'selfbalancingrobot');
YAHOO.util.Event.addListener("Helicopter", "click",NewWidget, 'helicopter');
YAHOO.util.Event.addListener("ThreeWeixing", "click",NewWidget, 'threeweixing');
YAHOO.util.Event.addListener("Car", "click",NewWidget, 'car');
YAHOO.util.Event.addListener("Newdoubletank", "click",NewWidget, 'newdoubletank');
YAHOO.util.Event.addListener("RunMonitor", "click", SaveAndRun);
```

图 8　ncslab/webroot/webcontop/js/Action. js 中添加第二部分

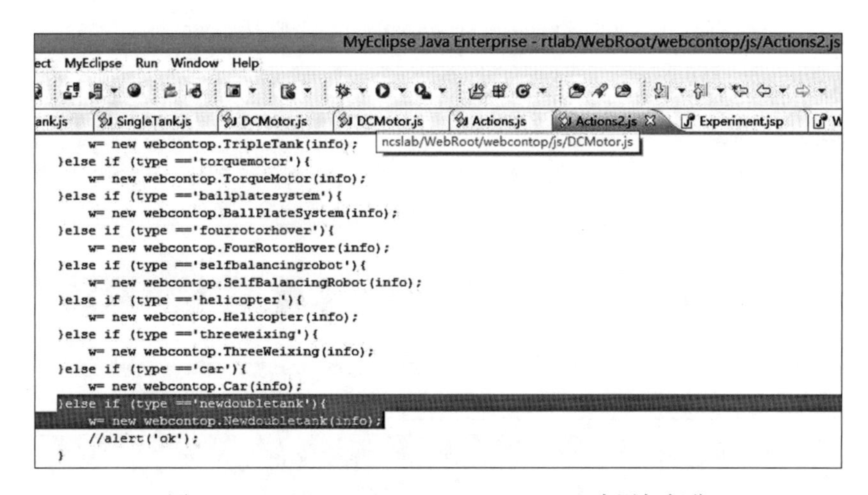

图 9　rtlab/webroot/webcontop/js/Action. js 中添加部分

(5)新建模型 . js 文件，改动涉及模型名称的地方为相应模型名称即可。此处适用于 ncslab 和 rtlab 文件夹。注意：之前需将新设备渲染的截图保存 JPG 格式，放在对应的 webcontop/Pic 目录下。

(6)在 ncslab 文件夹中的 webroot/webcontop. jsp 中，添加以下三处内容：

① <script>中加 . js 文件。

② <td>中添加一端代码，名称改为新设备的名称，图片位置名称也要改掉。注意：之前需将新设备渲染的截图保存为很小的像素，例如 28×24，放在对应的文件下 webcontop/img 中。

③ 在 if(name. 3d. equals)处添加代码。

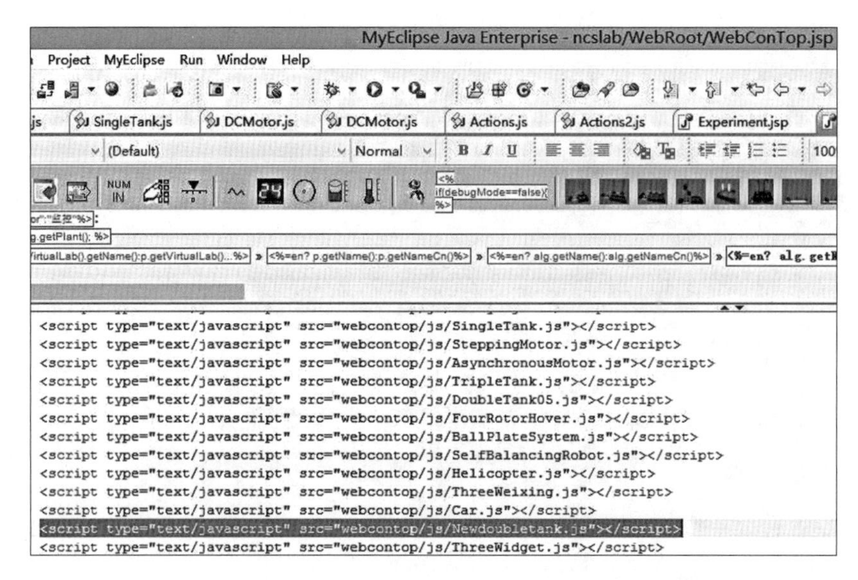

图 10　ncslab/webroot/webcontop. jsp 中添加第一部分

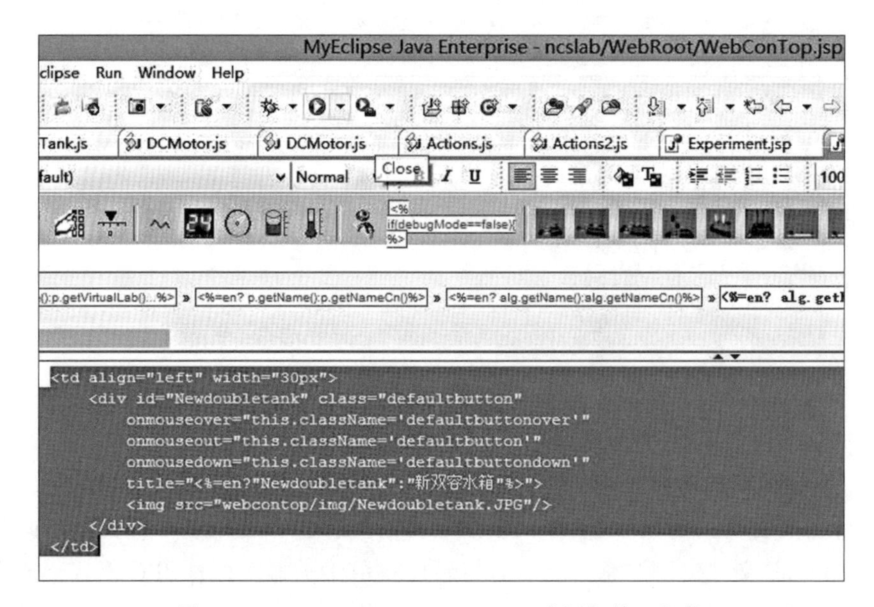

图 11　ncslab/webroot/webcontop. jsp 中添加第二部分

(7)在 rtlab 中 webroot/Experiment. jsp 中添加一处，即 . js 即可。

(8)这是最后一步，在 SQL-front 中完成。打开文件夹，点击 . exe 文件，按以下信息输入：

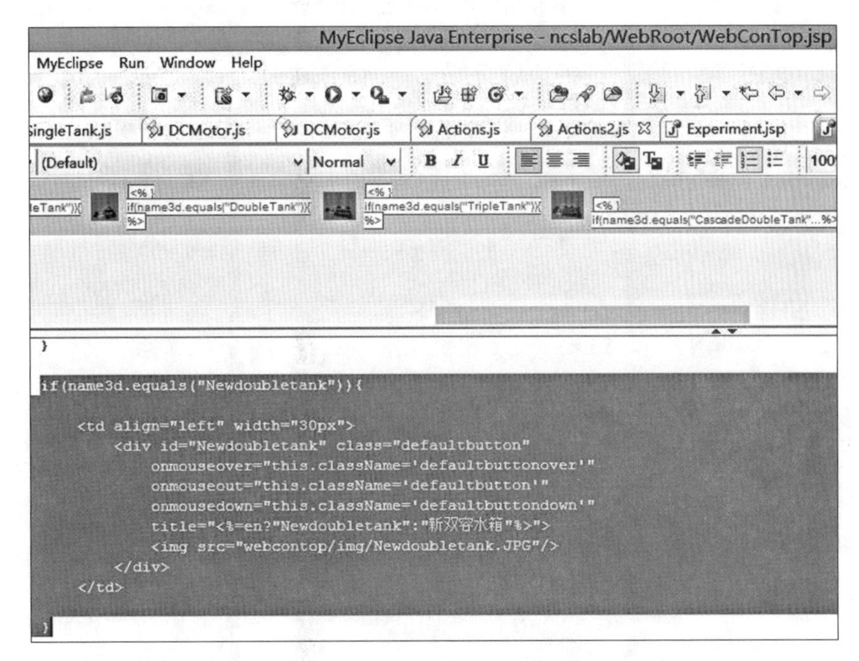

图 12　ncslab/webroot/webcontop. jsp 中添加第三部分

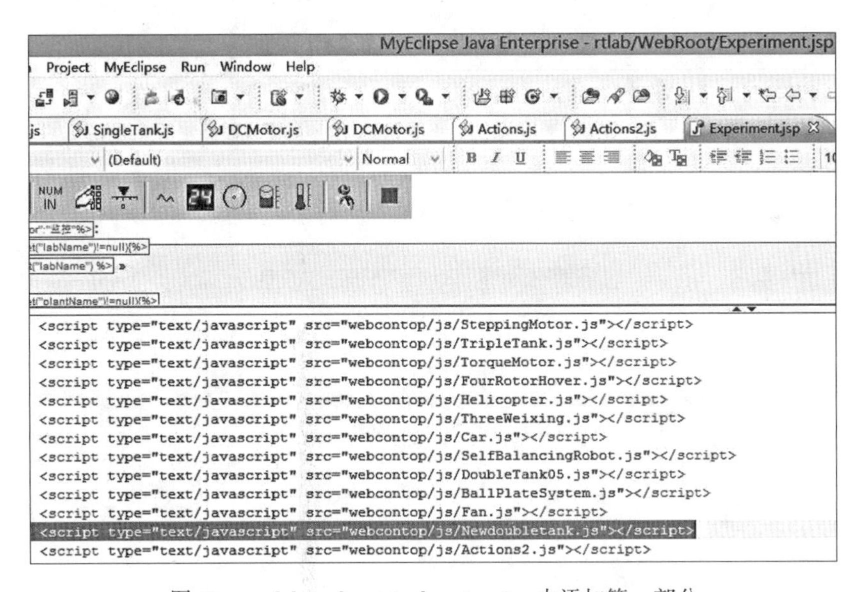

图 13　ncslab/webroot/webcontop. jsp 中添加第一部分

进入后，找到 ncslab/plant/name3d，按照实例修改即可。要修改的部分是 x、y、z 坐标值，这个是配置设备在子实验室中的位置，可按已经存在的设备之间的距离规律摆放。

图 14　SQL 连接界面

Properties of localhost
General
Connection
Login
Startup
Login Information
User:
root
Password:
xxxxx
Database:
Help
Ok
Cancel

图 15　SQL 登录界面

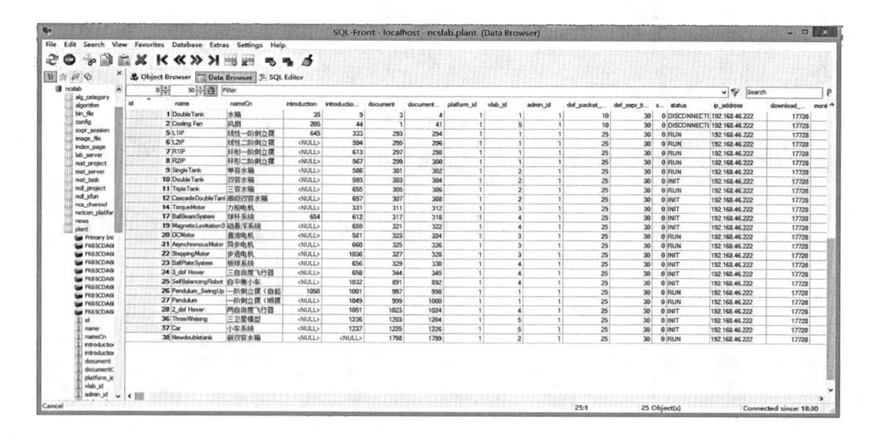

图 16　SQL 登录后设置界面

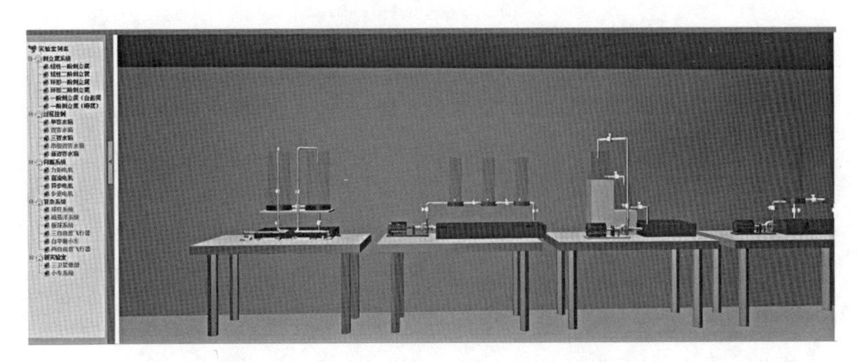

图 17　SQL *xyz* 坐标实际设置对象显示效果

二、虚拟水箱虚拟实验操作指导

(一)理论支撑

虚拟水箱控制算法：图 1 是水箱虚拟实验的算法框图，其中 look-up table 中的数据为用 webcontop 测试得来的真实水箱水位高度与给定值之间关系对应的数据，数据见表 1。根据测得数据，设计算法进行虚拟实验，最终可将实验结果与远程实验结果相比对。

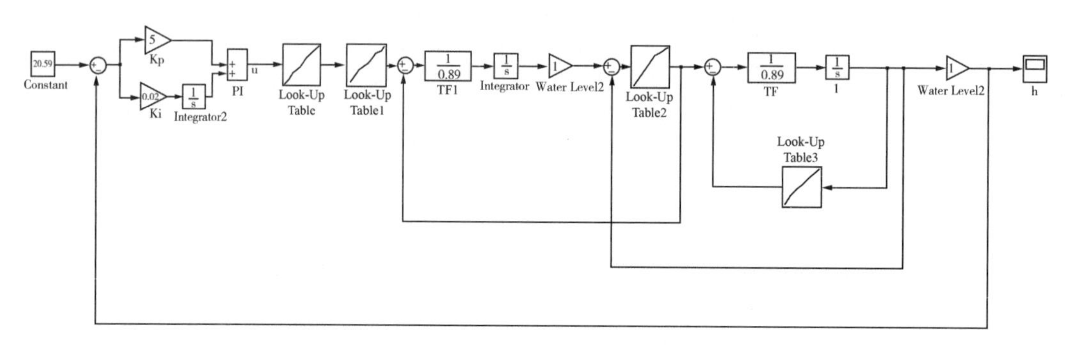

图 1　测试真实水箱系统特性算法框图

在图 1 的控制算法数据来自表 1，其中包含 4 个 look-up table，左栏为输入，右栏为输出。

表 1　**真实水箱系统特性测试数据**

look-up table1		look-up table2		look-up table3		look-up table4	
输入	输出	输入	输出	输入	输出	输入	输出
3. 8	4. 5	3. 5	0. 267	0	0	6. 7	0. 5181
6. 1	4. 6	4	0. 449	8. 9	0. 574	8. 4	0. 5435
8. 1	4. 7	4. 5	0. 574	9. 8	0. 5938	10. 5	0. 563
11. 2	4. 8	5	0. 673	10. 6	0. 6136	11. 7	0. 5825
13. 1	4. 9	5. 5	0. 761	11. . 1	0. 6334	13. 5	0. 602
15. 4	5. 0	6	0. 833	11. 7	0. 6532	15. 9	0. 6215
17. 8	5. 1	6. 5	0. 921	12. 3	0. 673	18. 1	0. 641

续表

look-up table1		look-up table2		look-up table3		look-up table4	
20. 3	5. 2	7	1	13	0. 6906	20. 8	0. 6599
		7. 5	1. 136	13. 9	0. 7082	23. 7	0. 6787
		8	1. 19			26. 3	0. 6976
		8. 5	1. 25			19	0. 7164
		9	1. 389			31. 6	0. 7353
						34. 1	0. 7549
						36. 9	0. 7745

算法如图 2 所示。

图 2　算法

至此，虚拟实验的算法设计完成，如图 1 所示。

(二)实验步骤

(1)登录 NCSLab 3D 网站 www. powersim. whu. edu. cn/ncslab，其登录界面如图 3 所示，输入用户名和密码即可登录。

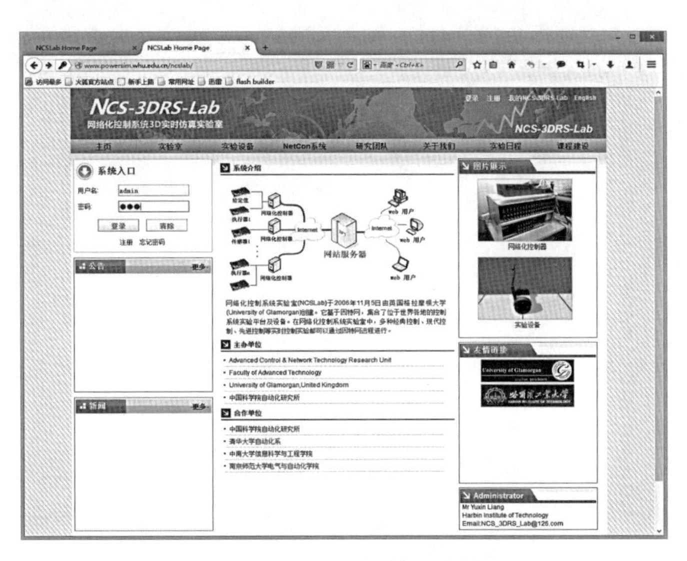

图 3　NCSLab 3D 网站登录界面

(2)登录之后，进入实验室列表界面，网页左侧将一系列不同实验分门别类在不同分实验室下。选择过程控制，然后选择里面的“虚拟水箱水位控制”实验。其显示界面如图 4 左侧所示。点击“申请控制权”按钮，效果如图 4 右侧所示。

图 4　真实水箱水位控制初始界面

(3)申请控制权之后，就可以选择算法进行实验。点击“实验算法”链接，就可以进入到设备实验的可执行算法界面，如图 5 所示。

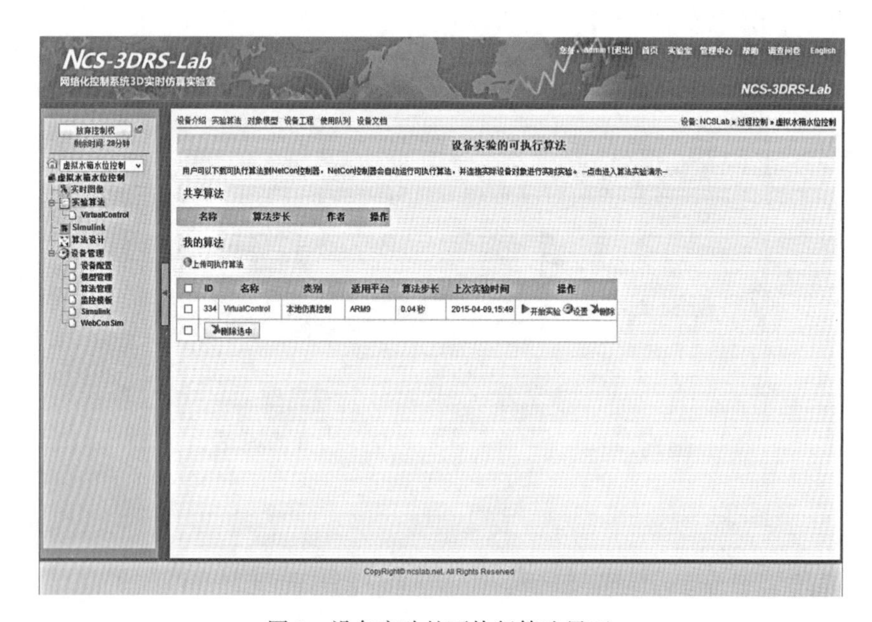

图 5　设备实验的可执行算法界面

(4)选择好相应的算法后，点击“开始实验”按钮，就会自动下载算法，启动算法的实验监控组态列表，如图6所示。如果之前有人进行过实验，那么在“我的监控列表”里面就会有记录，可以点击“我的监控”，直接进行实验的监控，也可以点击“新建监控组态”来搭建自己的监控界面。

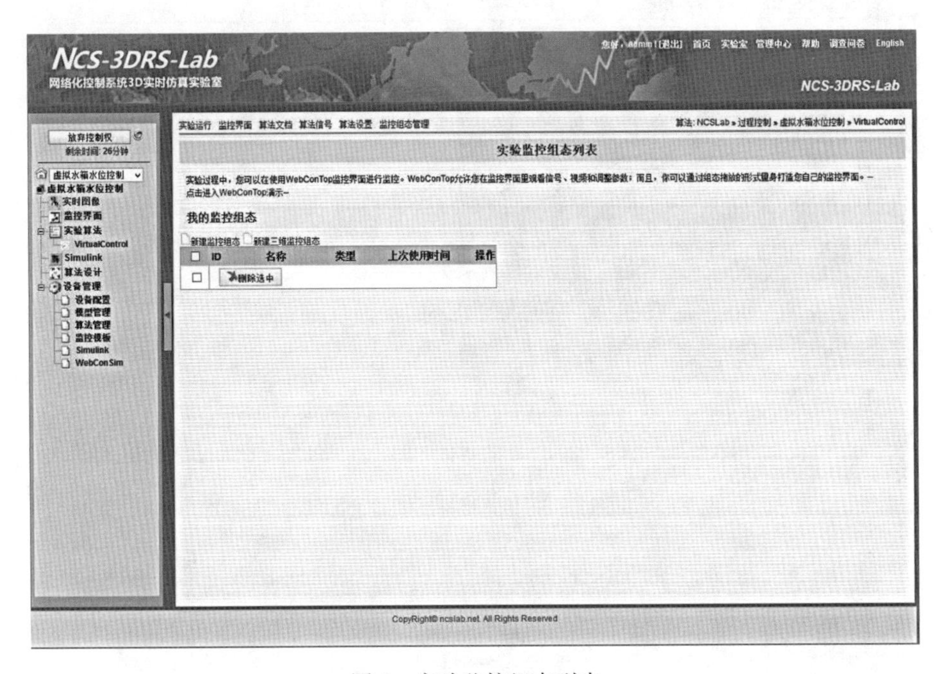

图6 实验监控组态列表

(5)点击“新建监控组态”链接后，就进入了Webcontop实验监控配置界面，如图7所示。点击工具栏的不同按钮，就可以选择不同的工具进行监控。本实验点击实验设备对应的按钮▇，将出现页面缩放到适宜的大小和位置，如图8所示。

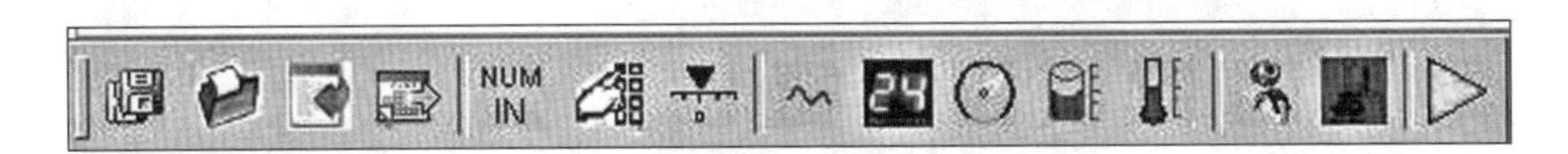

图7 监控配置界面工具栏

(6)鼠标左键双击界面，根据弹出的框选择好相应的信号和参数，信号用来监测和查看，参数用来设置和控制，双容水箱的信号和参数配置界面如图9所示。

(7)除了监控界面之外，水位曲线的实时变化(点击~)和PI参数、给定值的设定(点击NUM IN)都需要在配置界面完成，并选择好对应的信号和参数，设置好相关的取值范围，如图10所示。

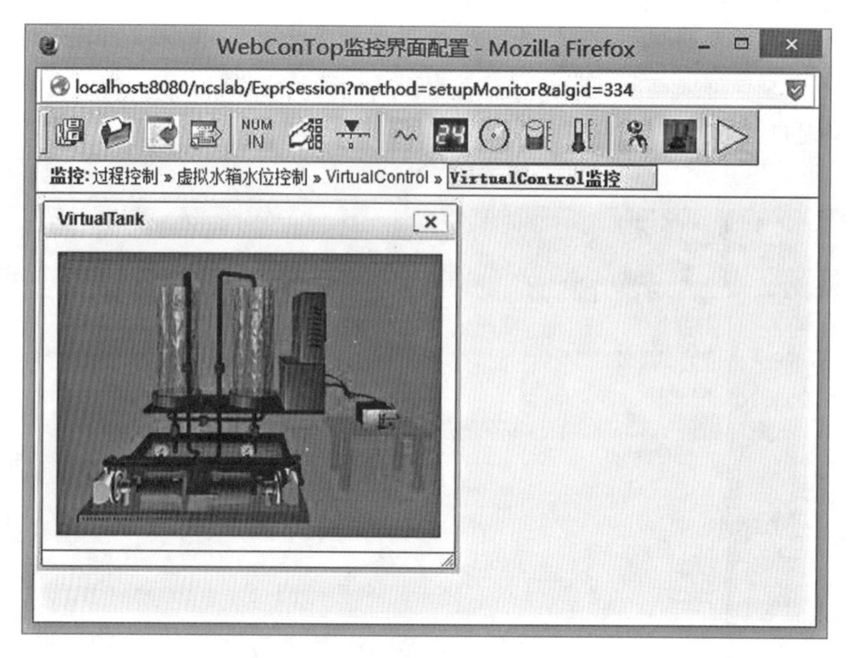

图 8　点击设备后配置界面

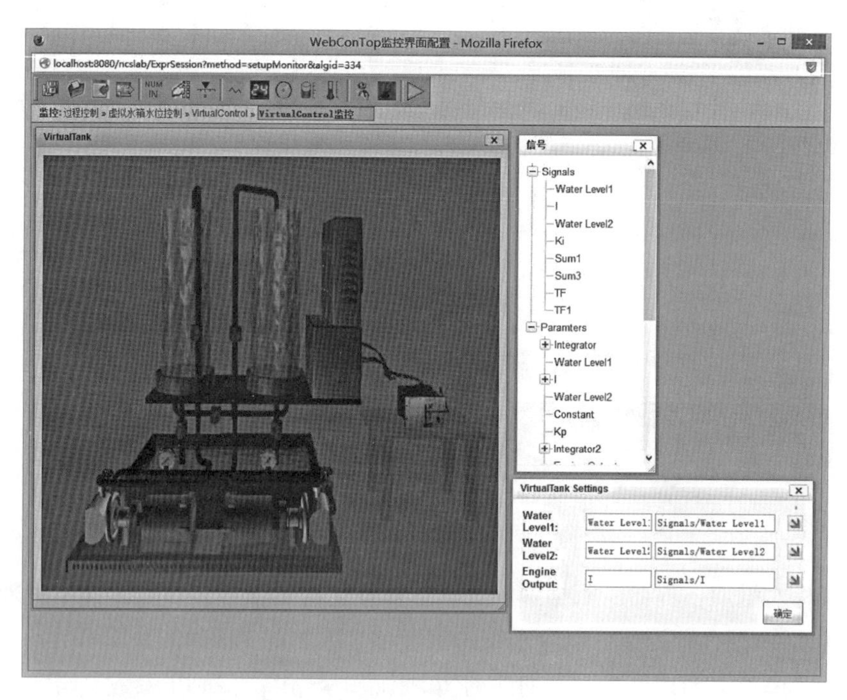

图 9　双容水箱信号和参数配置界面

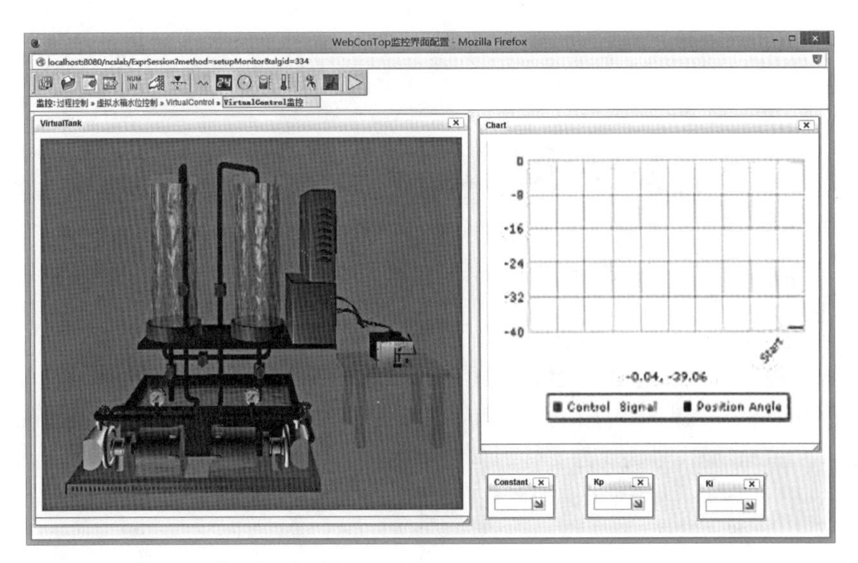

图 10 参数配置完成界面

(8)点击▷，就进入了监控界面，如图 11 所示，界面中实时显示了水位三维图，包含了水位以及 PI 输出的变化值、两个水箱水位变化实时曲线以及给定值和比例系数以及积分系数的设定框，这 3 个参数可以改变来调节水位变化情况。

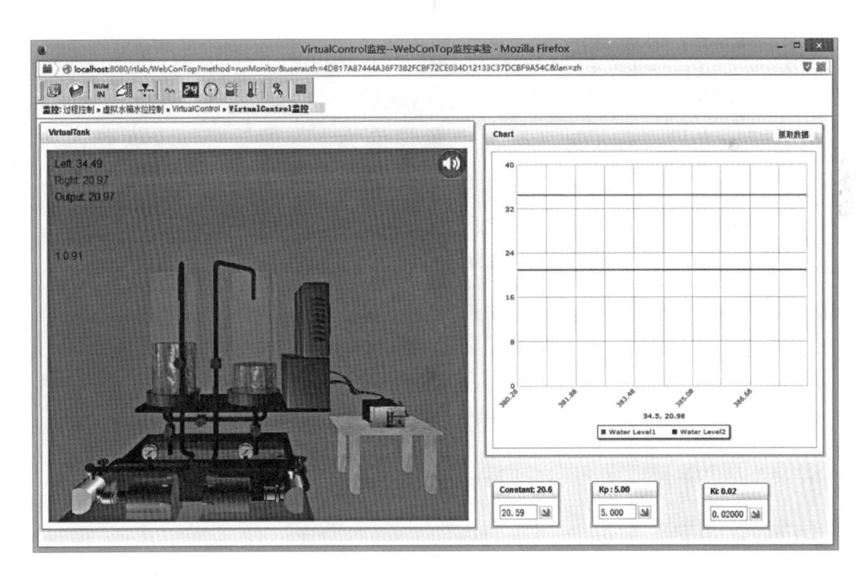

图 11 水箱水位监控界面

三、真实水箱远程实验操作指导

(一)理论支撑

真实水箱控制算法：图1所示是为测试真实水箱系统特性而搭建的算法框图，其中限幅模块值从0到inf保证为正值。Analog Output 和 Analog Input 端口号(port number)均为0，Analog Input 端口号为1，采样时间为0.04秒。

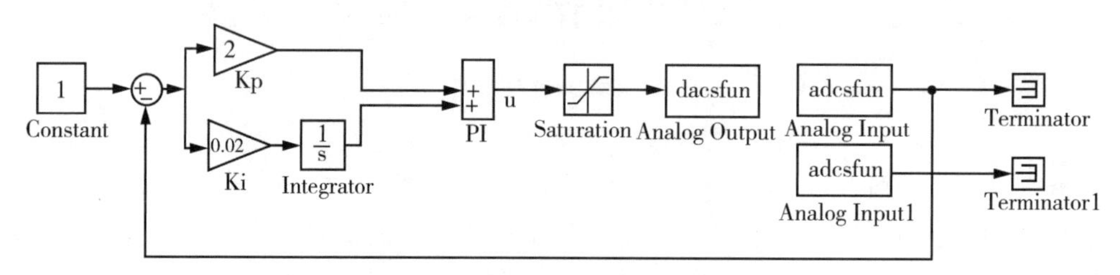

图1　测试真实水箱系统特性算法框图

在图1的控制算法下测得数据见表1，其中constant为给定值，left和right都分为两栏，左栏为虚拟界面水位，右栏为真实水箱水位。经测定，只有当给定值constant的值大于3.5，第二个水箱水位值才为正。当给定值为7.5时，第一个水箱水位刚好到达警戒值。因此，对给定值取值范围应该做一个限定：3.5~7.5。

表1　　　　**真实水箱系统特性测试数据**

constant	left(virtual/real)		right(virtual/real)	
3.5	3.5	10.5	1.7	0
4	4	14	2	2.5
4.5	4.5	18	2.4	5
5	5	21	2.8	7.5
.5	5.5	24	3.2	9.8
6	6	27	3.5	12.2
6.5	6.5	30.5	3.9	14.6
7	7	34	4.2	17
7.5	7.5	37	4.6	19.4

根据表 1 数据，经过处理和线性拟合，可以得到真实水箱远程实验的算法框图，如图 2 所示。

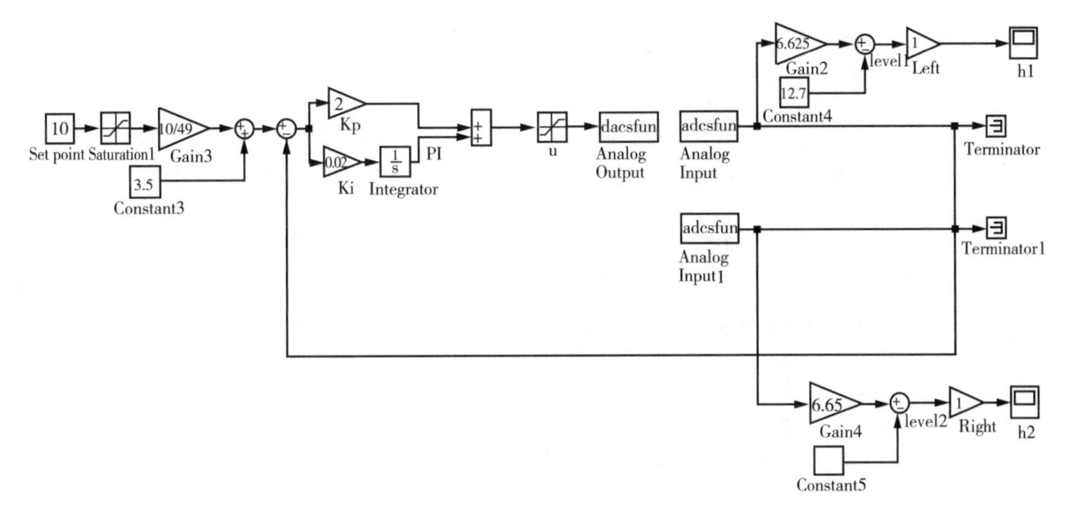

图 2　真实水箱远程实验算法

其中，对给定值作了限幅和线性处理。处理过程和结果如下：

根据最终给定值范围为 3. 5~7. 5，为了让给定值表示第二个水箱，也就是被控液位的水箱水位一致，将表 1 中的第一列和最后一列做线性处理。constant 为因变量，right (real)为自变量，其关系如图 3 所示。

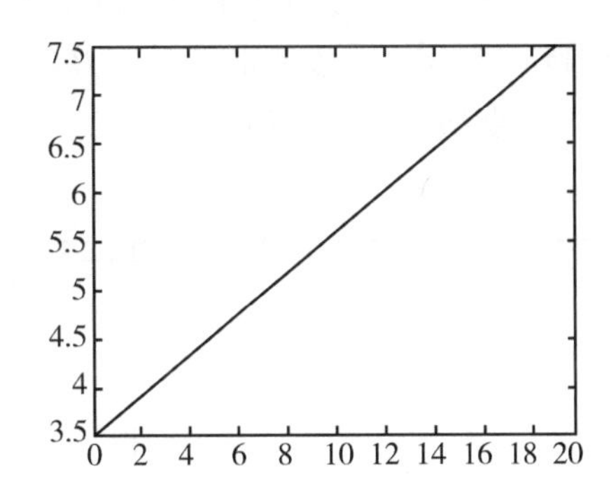

图 3　测试算法给定值与真实水箱被控水位关系

综合处理，得斜率为 1/4. 9，截距为 3. 5，其拟合关系和真实关系效果图如图 4 所示。

因此，在远程实验算法中，真实的给定值(图中的 Set point)可以变化范围限定在 0~19. 4，这样既保证第二个水箱有水位值，同时保证第一个水箱不溢出，给定值还能

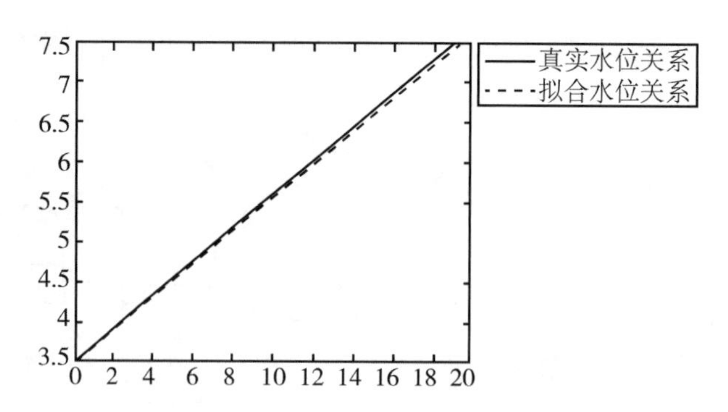

图 4 测试算法真实水位关系和拟合水位关系效果图

与被控水箱的真实水位相联系，如图 5 所示。

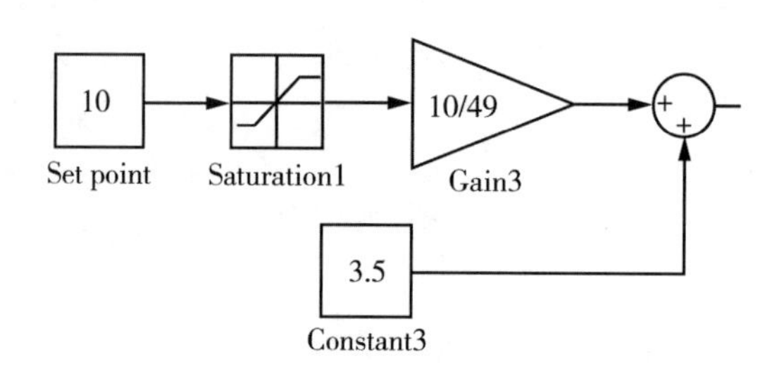

图 5 拟合处理后给定值表现方式

给定值和 PI 控制器组成了控制信号，将控制信息传给 Analog Output 模块，然后将反馈信号采集过来给终端，为了使三维监控界面水位与真实水位相一致，将表 1 中 left 以及 right 分别作为两组数据进行拟合，以虚拟水箱水位为自变量，真实水箱水位为因变量，第一、第二个水箱效果分别如图 6、图 7 所示。

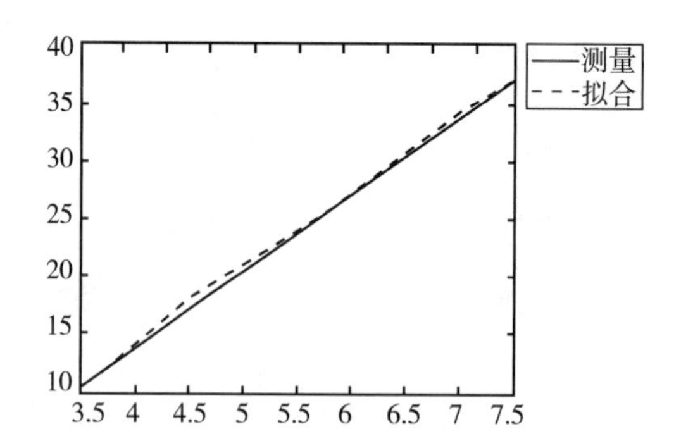

图 6 第一个水箱测量数据和拟合数据对比效果

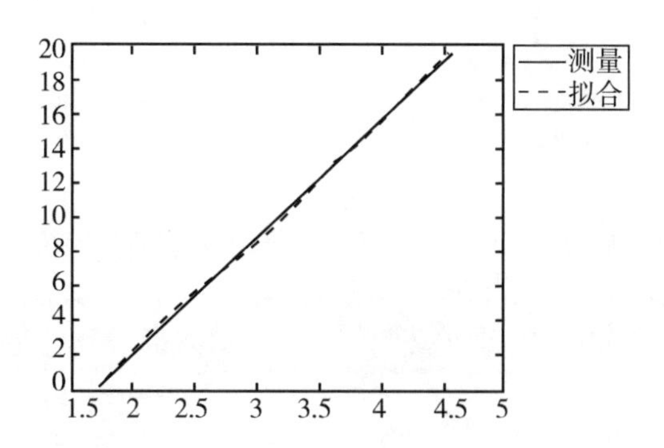

图 7　第二个水箱测量数据和拟合数据对比效果

设计的三维虚拟界面显示水位的算法分别如图 8、图 9 所示。

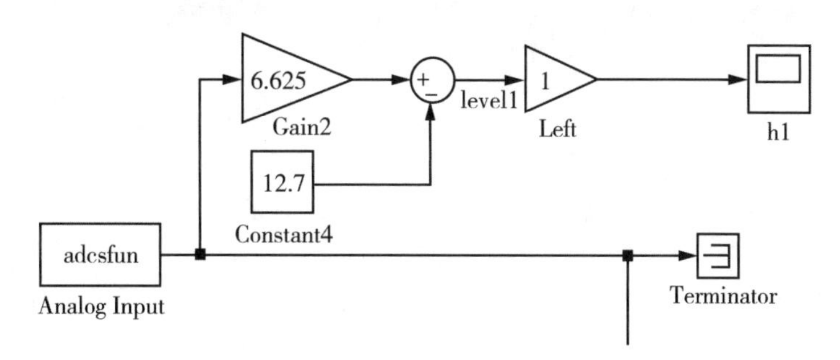

图 8　第一个水箱反馈信号与显示水位处理算法

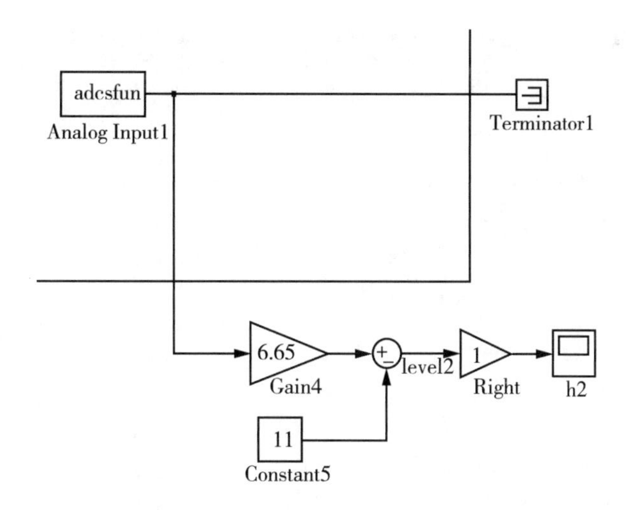

图 9　第一个水箱反馈信号与显示水位处理算法

至此，真实水箱远程实验的算法设计完成，如图 2 所示。

(二)实验步骤

(1)登录 NCSLab 3D 网站 www. powersim. whu. edu. cn/ncslab，其登录界面如图 10 所示，输入用户名和密码即可登录。

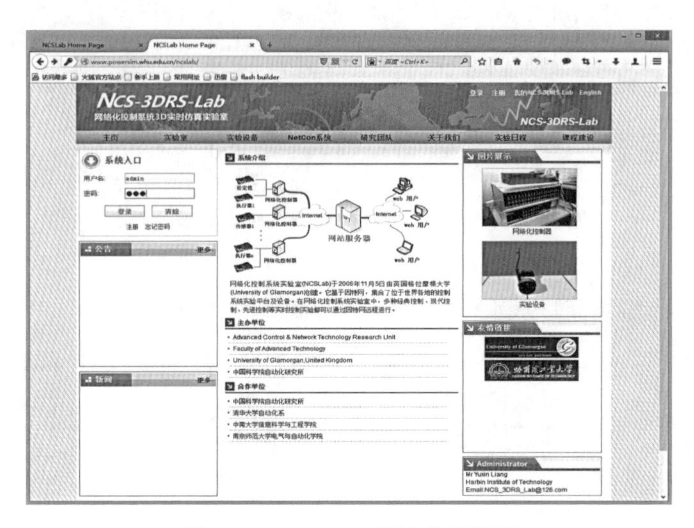

图 10　NCSLab 3D 网站登录界面

(2)登录之后，进入实验室列表界面，网页左侧将一系列不同实验分门别类在不同分实验室下。选择过程控制，然后选择里面的“真实水箱水位控制”实验。其显示界面如图 11 左侧所示。点击“申请控制权”按钮，效果如图 11 右侧所示。

图 11　真实水箱水位控制初始界面

(3)申请控制权之后，就可以选择算法进行实验。点击“实验算法”链接，就可以进入到设备实验的可执行算法界面，如图 12 所示。

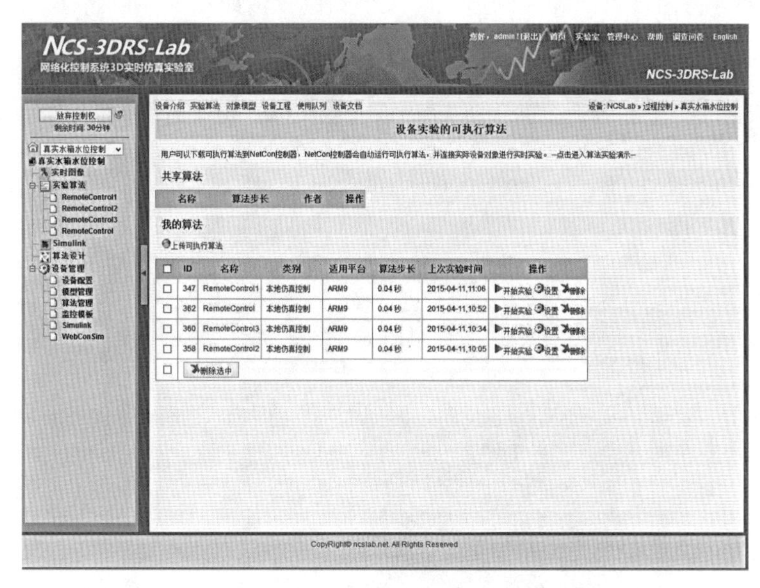

图 12　设备实验的可执行算法界面

(4)选择好相应的算法后，点击“开始实验”按钮，就会自动下载算法，启动算法的实验监控组态列表，如图 13 所示。如果之前有人进行过实验，那么“我的监控列表”里面就会有记录，可以点击“我的监控”，直接进行实验的监控，也可以点击“新建监控组态”来搭建自己的监控界面。

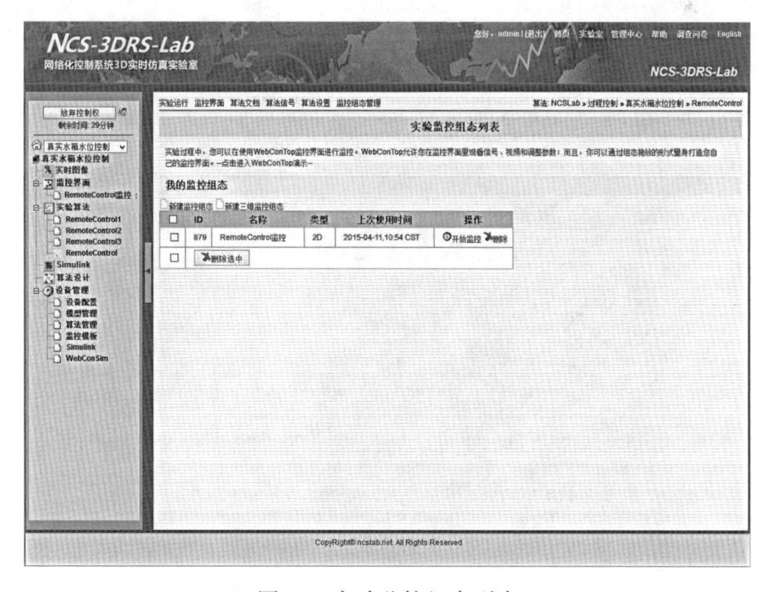

图 13　实验监控组态列表

（5）点击“新建监控组态”链接后，就进入了 Webcontop 实验监控配置界面，如图 14 所示。点击工具栏的不同按钮，就可以选择不同的工具进行监控。本实验点击实验设备对应的按钮，将出现页面缩放到适宜的大小和位置，如图 15 所示。

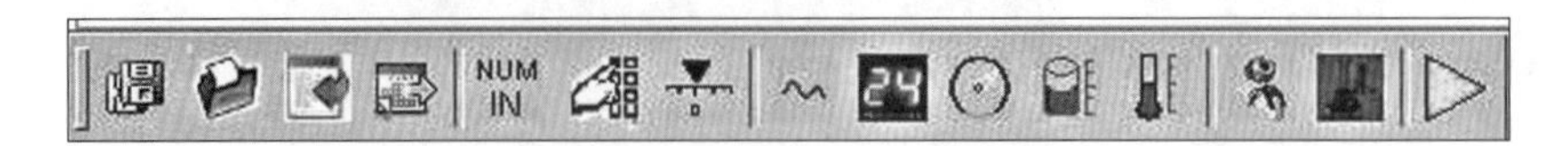

图 14　监控配置界面工具栏

图 15　点击设备后配置界面

（6）用鼠标左键双击界面，根据弹出的框选择好相应的信号和参数，信号用来监测和查看，参数用来设置和控制，双容水箱的信号和参数配置界面如图 16 所示。

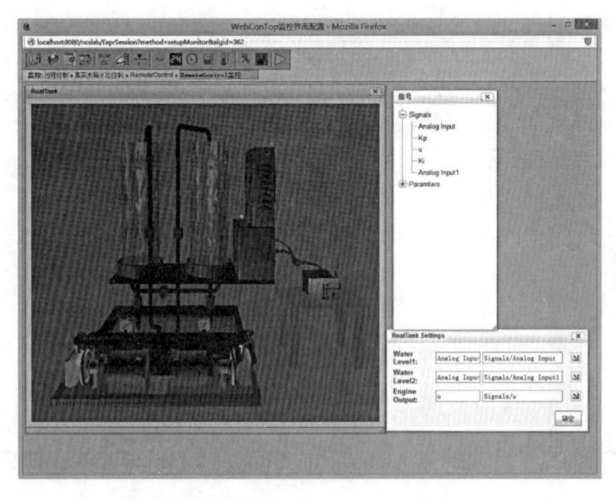

图 16　双容水箱信号和参数配置界面

(7)除了监控界面之外，水位曲线的实时变化(点击 ~)和 PI 参数、给定值的设定(点击 NUM IN)都需要在配置界面完成，并选择好对应的信号和参数，设置好相关的取值范围，如图 17 所示。

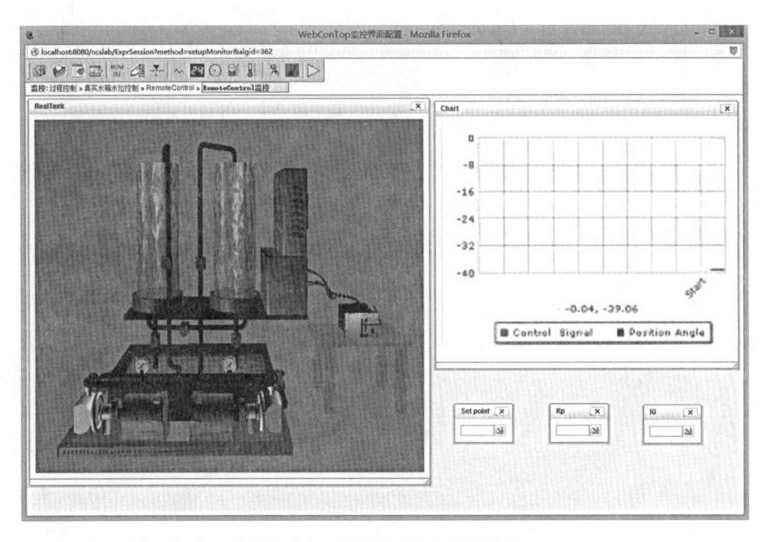

图 17　参数配置完成界面

(8)点击▷，就进入了监控界面，如图 18 所示，界面中实时显示了水位三维图，包含了水位以及 PI 输出的变化值，两个水箱水位变化实时曲线以及给定值和比例系数以及积分系数的设定框，这 3 个参数可以改变来调节水位变化情况。

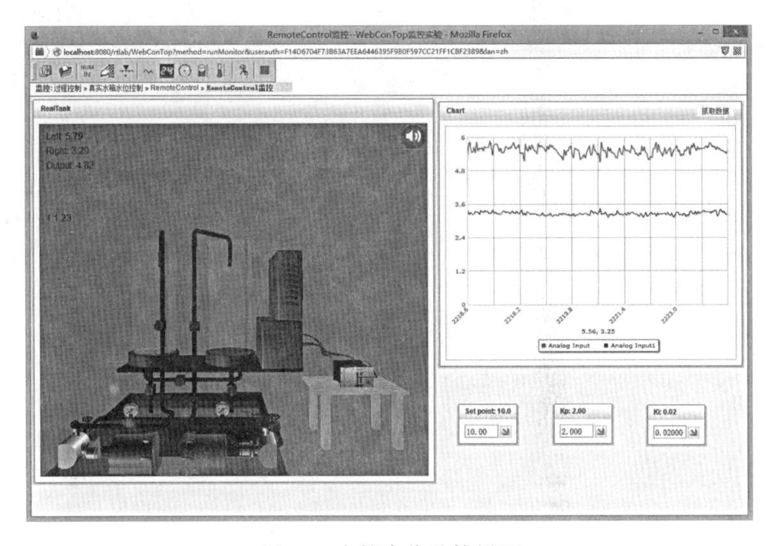

图 18　水箱水位监控界面

第三部分　中心操作手册

一、演示手册

本手册内容涉及演示机操作演示，主要包括视频(武汉大学电力生产过程虚拟仿真实验教学中心申报视频材料 . mpg)和网站(www. powersim. whu. edu. cn)。

(一)演示申请视频

直接点击桌面，即可进行播放视频，播放界面出来后，双击进行全屏播放。

(二)演示监控视频

切换到通道 6，即可显示。双击任何一块，即可全屏显示。输入监控系统用户名和密码以登入。

(三)演示网站

1. 控制系统

(1)进入仿真中心网站，www. powersim. whu. edu. cn，如图 1 所示。

图 1　仿真中心网站登录界面

(2)找到 NCSLab 3D 链接入口，点击进入 NCSLab 3D 界面，输入用户名和密码即可登录，如图 2 所示。

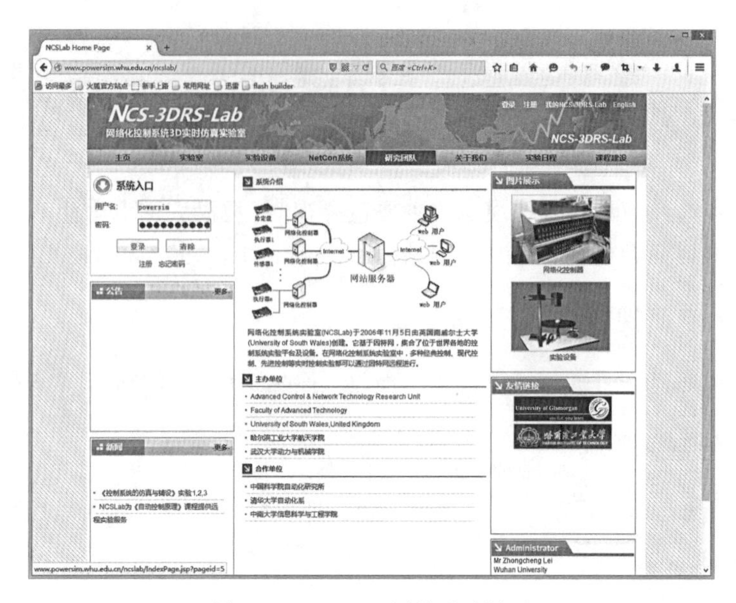

图 2　NCSLab 3D 网站登录界面

(3)进行风扇演示实验。选择实验室，选择设备风扇 3，申请控制权，选择 PIControl 或者 OpenLoop 算法。直接点击监控界面即可进入已经配置好的界面。如图 3~图 5 所示。

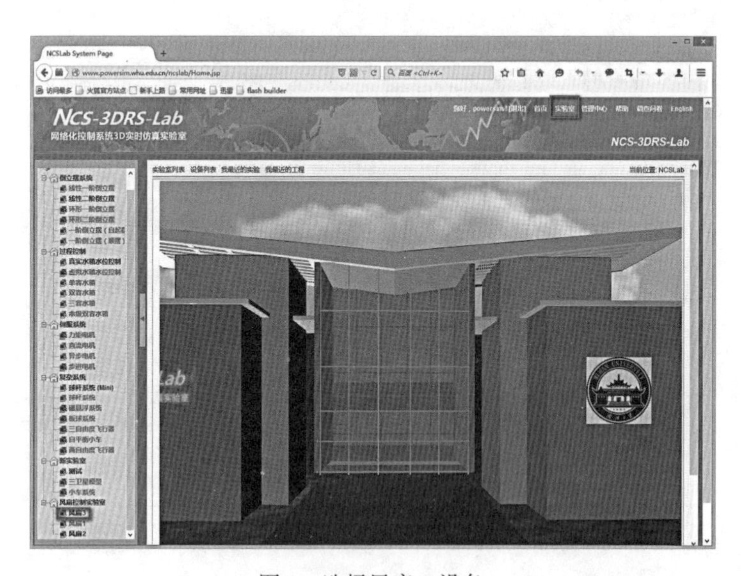

图 3　选择风扇 3 设备

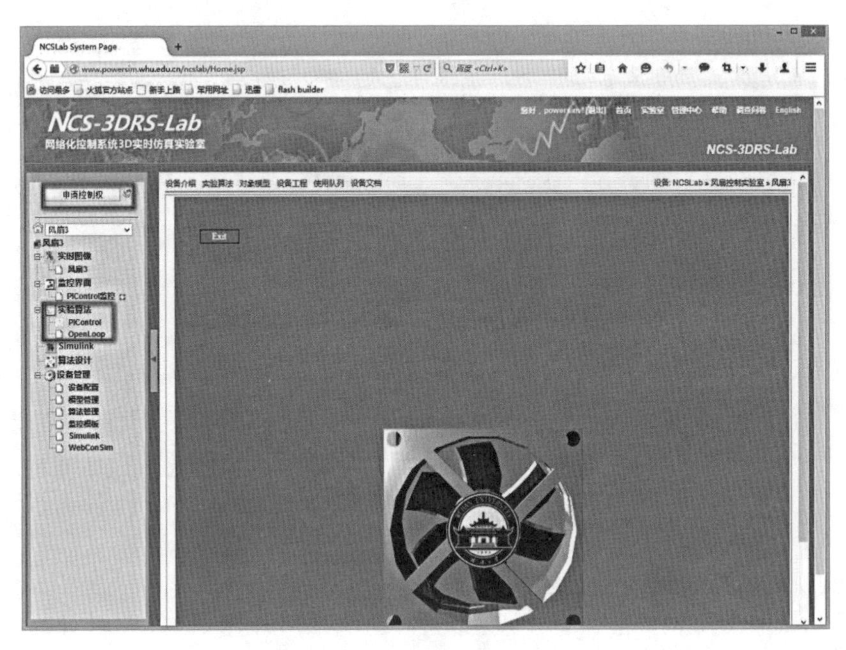

图 4　申请控制权并选择算法

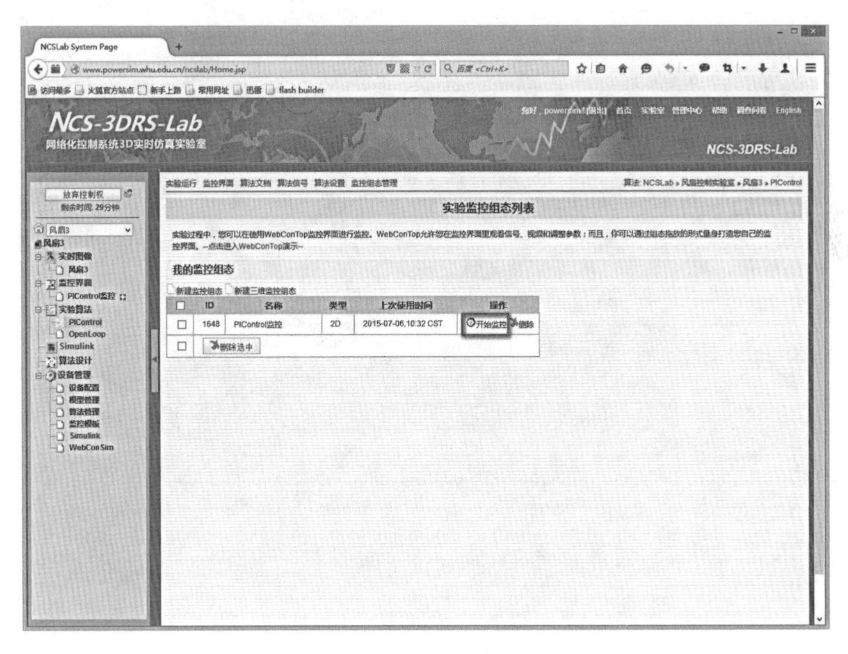

图 5　进入监控界面

(4)修改给定值 Set_Point，比例系数 K_p，积分系数 K_i，即可查看参数变化。如图 6 所示。

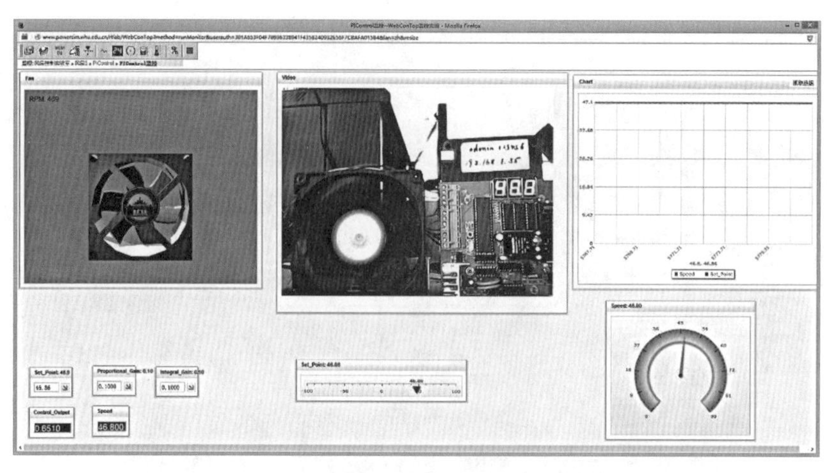

图 6　风扇监控界面

(5)切换到真实水箱远程实验。进入实验室，申请控制权。选择真实水箱远程实验，选择 RemoteControl 算法，直接点击监控界面，即可进入已经配置好的界面。如图 7~图 10 所示。

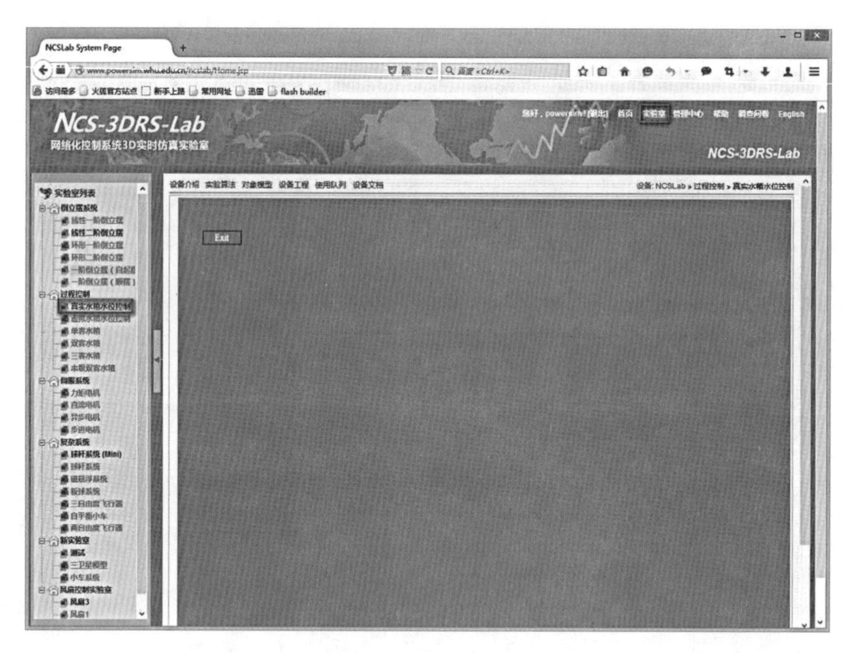

图 7　选择水箱设备

(6)修改给定值 Set_Point，比例系数 K_p，积分系数 K_i，即可查看参数变化。如图 11 所示。

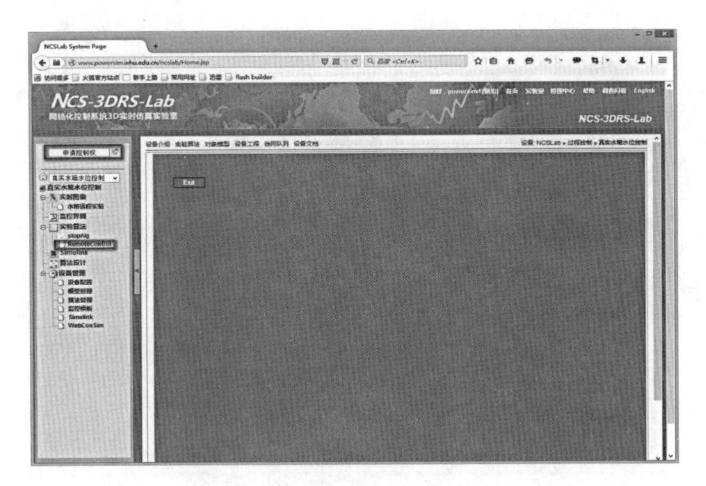

图 8　申请控制权并选择算法

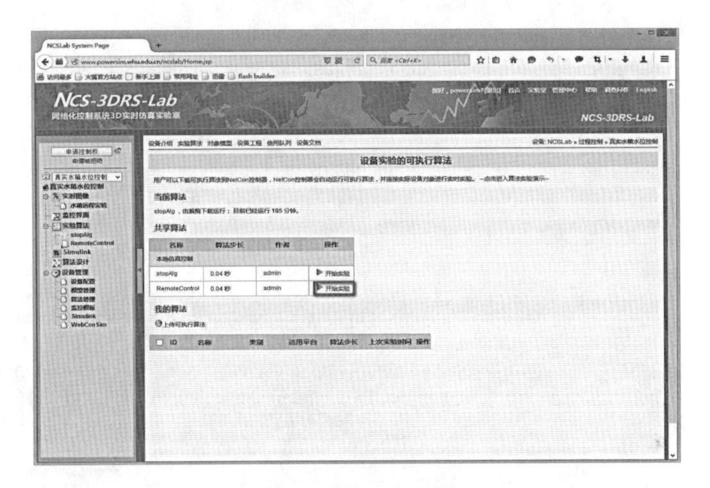

图 9　运行远程实验算法

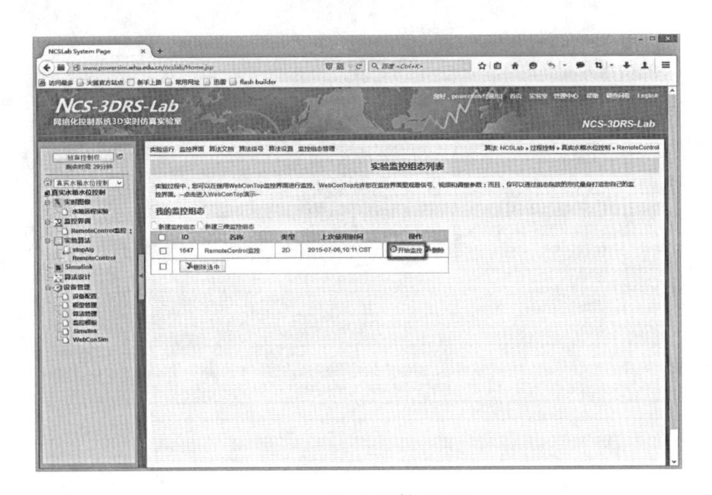

图 10　进入监控界面

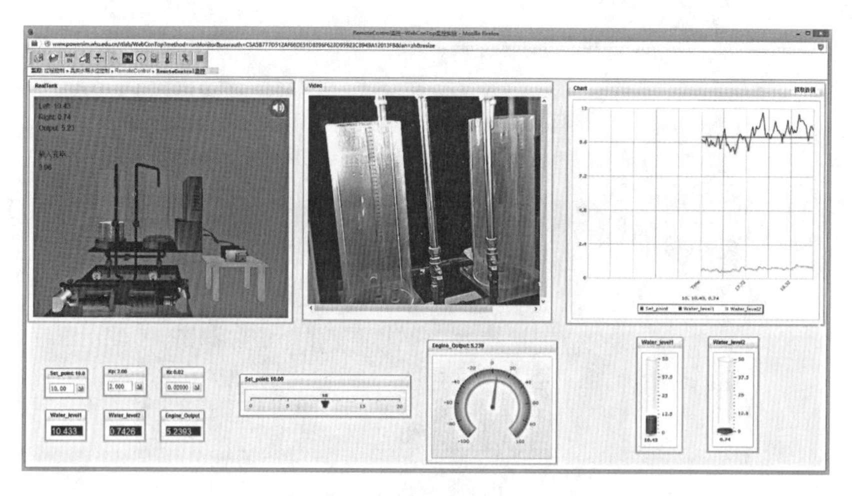

图 11　水箱监控界面

(7)演示结束，选择运行算法 stopAlg。

(8)切换到球杆系统虚拟实验。进入实验室，申请控制权。选择球杆系统(Mini)，选择合适的算法，直接点击监控界面即可进入已经配置好的界面。如图 12~图 15 所示。

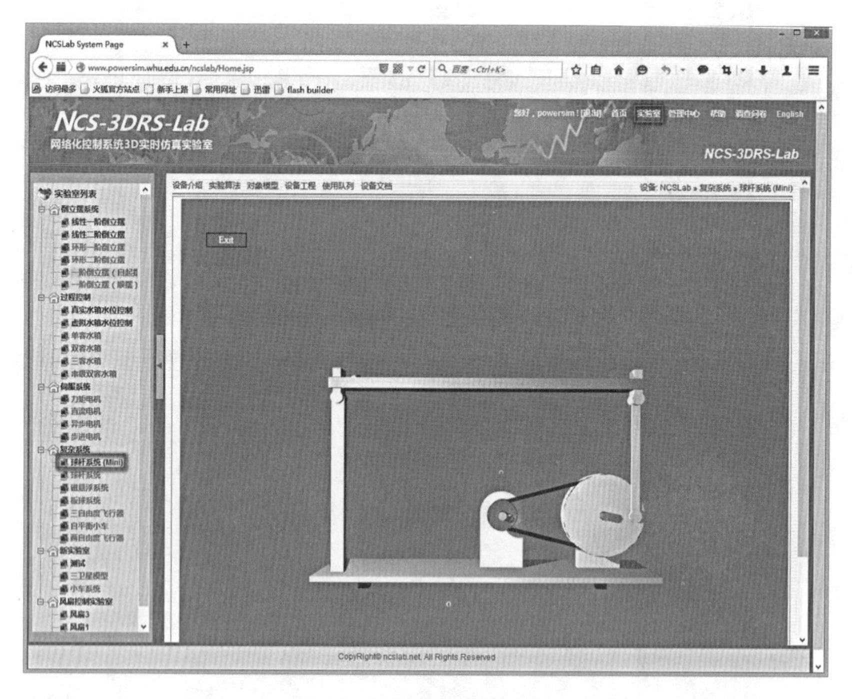

图 12　选择球杆系统 Mini

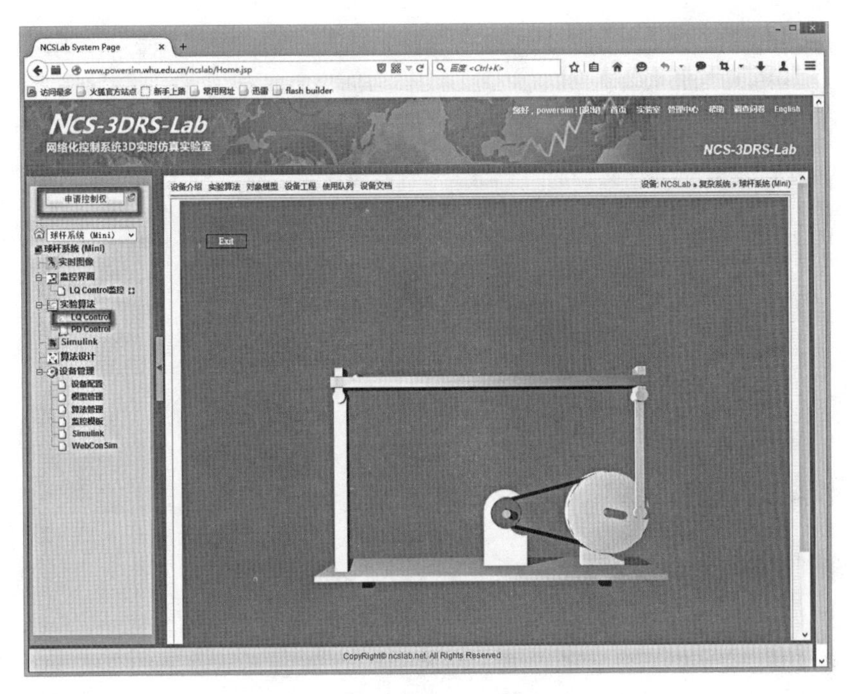

图 13　申请控制权并选择算法

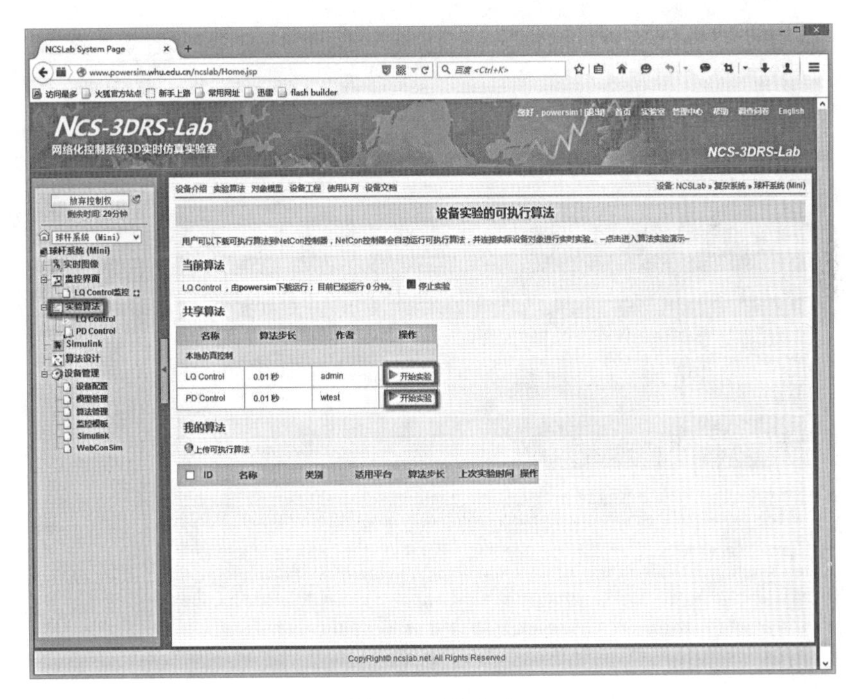

图 14　开始实验

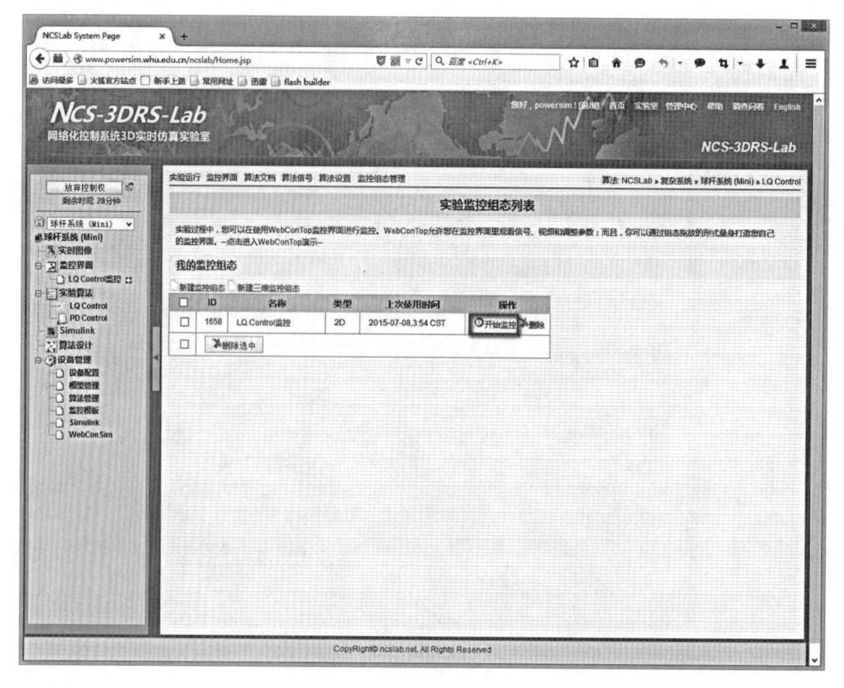

图 15　进入监控界面

(9)修改给定值 Set_Point、比例系数 K_p，积分系数 K_i，即可查看参数变化。如图 16 所示。

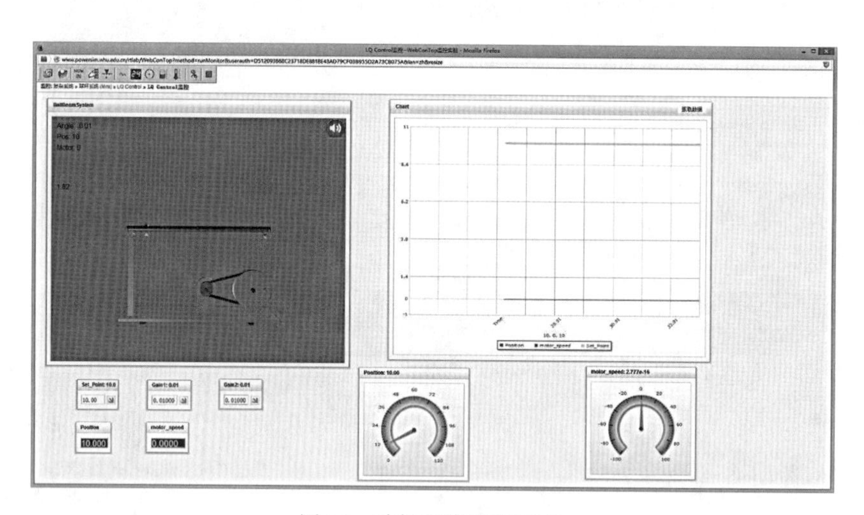

图 16　球杆系统监控界面

2. 水电站

水电站演示如下：

(1)网页版，如图 17 所示。

图 17　水电系统网页版演示入口

根据系统提供的三个接口一步一步演示即可。

(2)单机版，在桌面上找到应用，打开即可。

3. 火电站

火电站漫游演示，如图 18 所示。

图 18　火电漫游场景

火电站远程桌面演示，如图 19 所示。

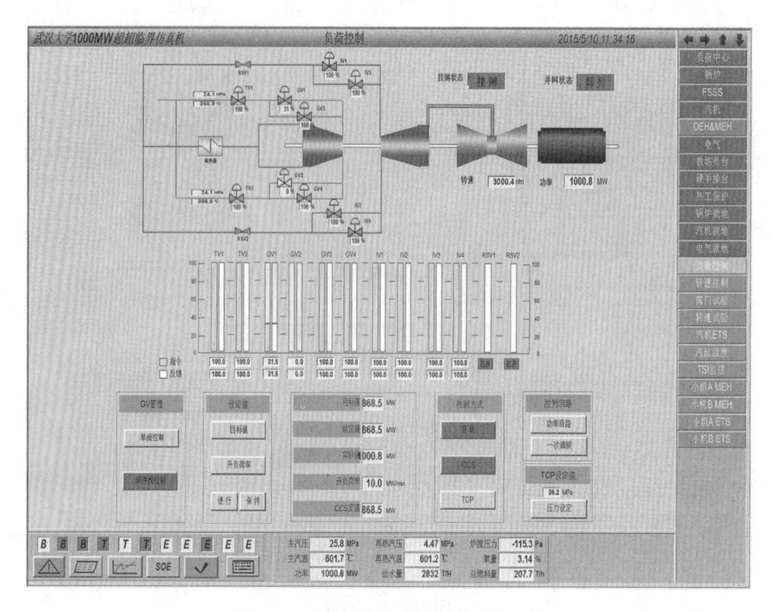

图 19　火电集控室操作台界面

4. 核电站

核电站漫游演示如下：

输入用户名和密码登录 powersim 系统，点击进入，选择秦山核电站漫游，载入完毕后进行漫游演示。如图 20、图 21 所示。

图 20　核电漫游登录

图 21　秦山核电站漫游演示界面

5. 评估系统

评估系统演示如下：

教学评估系统分为学生入口和教师入口。学生入口在实验申请，分为实验预约、考试预约和仪器预约。教学考核是教师入口，供教师考核用。如图 22~图 25 所示。

图 22　评估系统入口

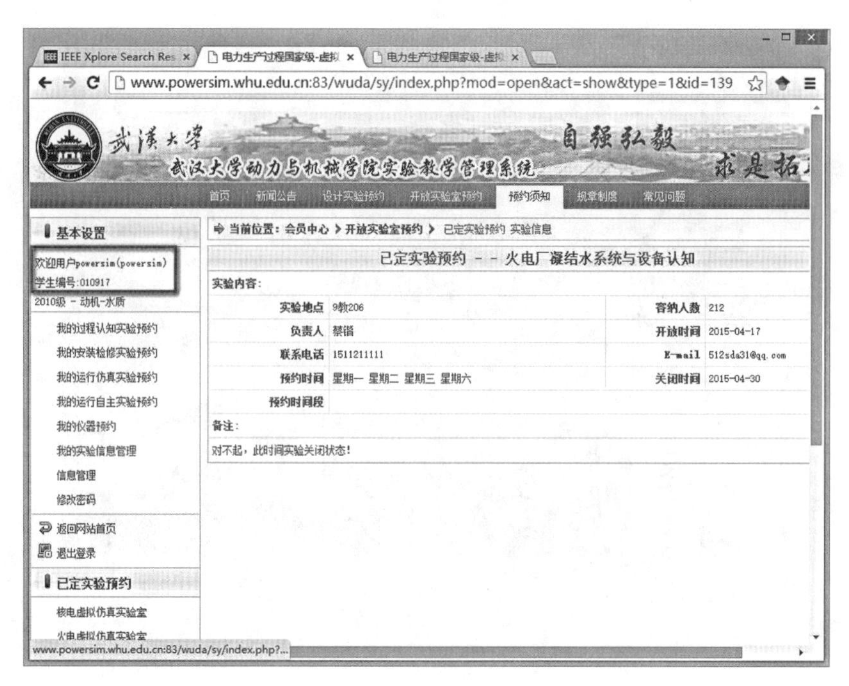

图 23　学生实验预约系统

图 24　教师考核评估系统入口

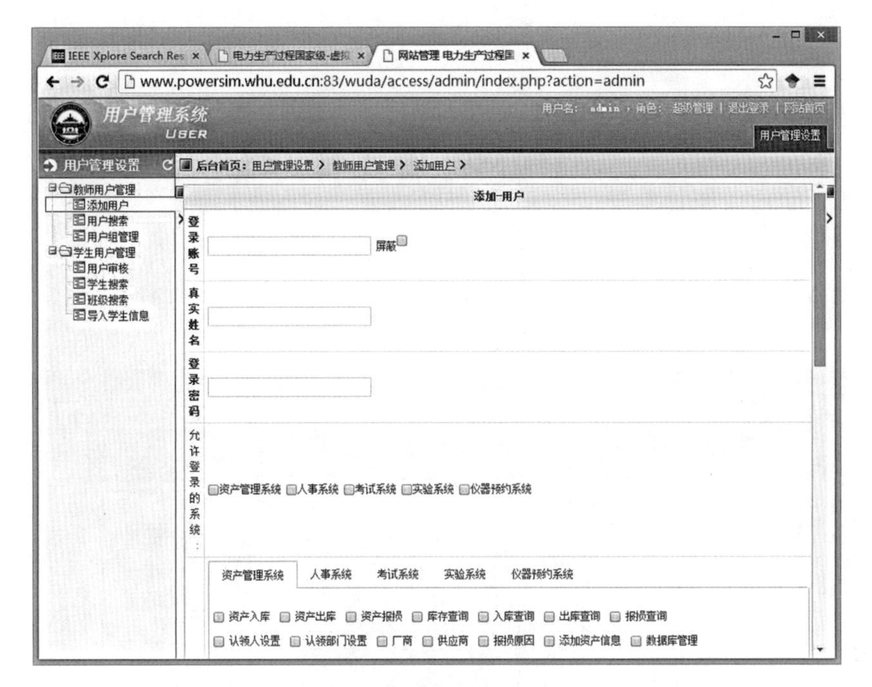

图 25　教师考核评估系统

二、中心网站操作手册

(1)进入仿真中心网站，www. powersim. whu. edu. cn，如图 1 所示。

图 1　仿真中心网站登录界面

(2)找到 NCSLab 3D 链接入口，点击进入 NCSLab 3D 界面，输入用户名和密码即可登录，如图 2 所示。

(3)登录之后，进入实验室列表界面，网页左侧将一系列不同实验分门别类在不同分实验室下。选择过程控制，然后选择里面的“真实水箱水位控制”实验。其显示界面如图 3(a)所示。点击“申请控制权”按钮，效果如图 3(b)所示。

(4)申请控制权之后，就可以选择算法进行实验。点击“实验算法”链接，就可以进入到设备实验的可执行算法界面，如图 4 所示。

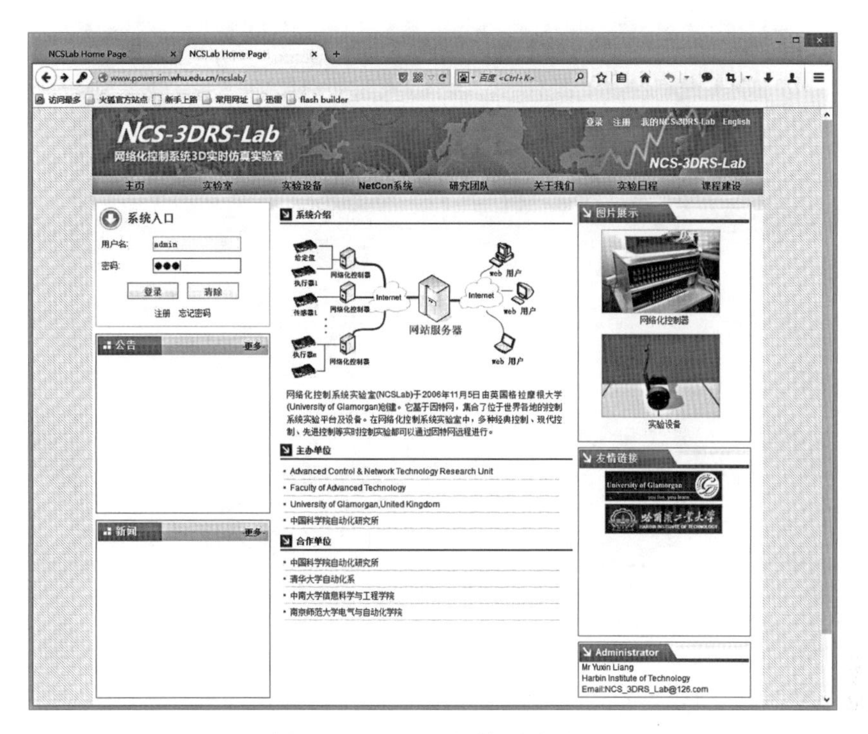

图2　NCSLab 3D 网站登录界面

(a)申请控制权之前　　　　　　(b)申请控制权之后

图3　真实水箱水位控制初始界面

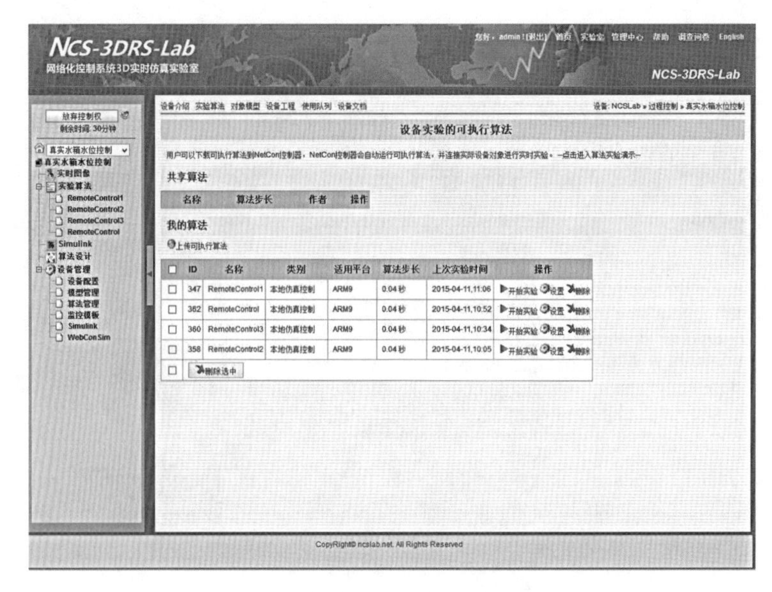

图 4　设备实验的可执行算法界面

(5)选择好相应的算法后，点击“开始实验”按钮，就会自动下载算法，启动算法的实验监控组态列表，如图 5 所示。如果之前有人进行过实验，那么在“我的监控列表”里面就会有记录，可以点击“我的监控”，直接进行实验的监控，也可以点击“新建监控组态”来搭建自己的监控界面。

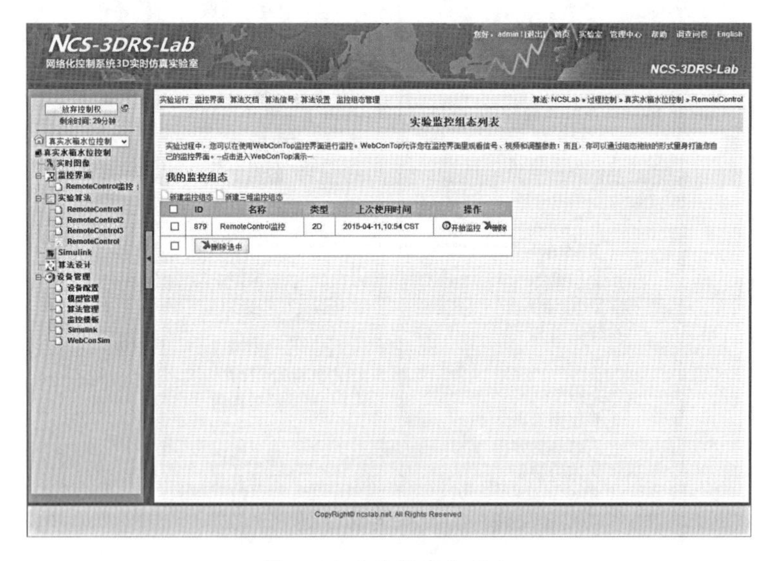

图 5　实验监控组态列表

(6)点击“新建监控组态”链接后，就进入了 Webcontop 实验监控配置界面，如图 6

所示。点击工具栏的不同按钮，就可以选择不同的工具进行监控。本实验以点击实验设备对应的按钮▣为例，将出现页面缩放到适宜的大小和位置，如图 7 所示。

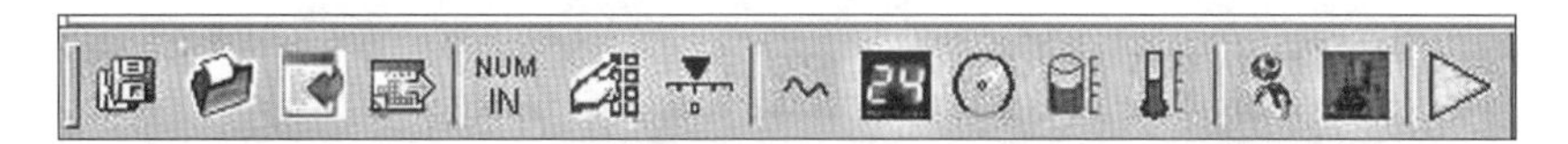

图 6　监控配置界面工具栏

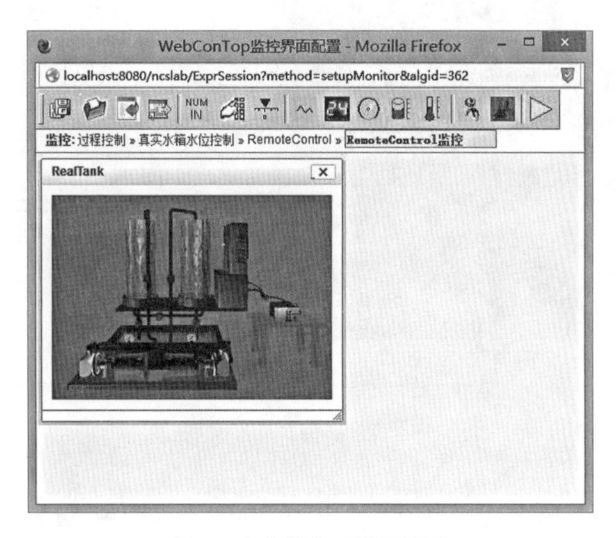

图 7　点击设备后配置界面

(7) 鼠标左键双击界面，根据弹出的框选择好相应的信号和参数，信号用来监测和查看，参数用来设置和控制，双容水箱的信号和参数配置界面如图 8 所示。

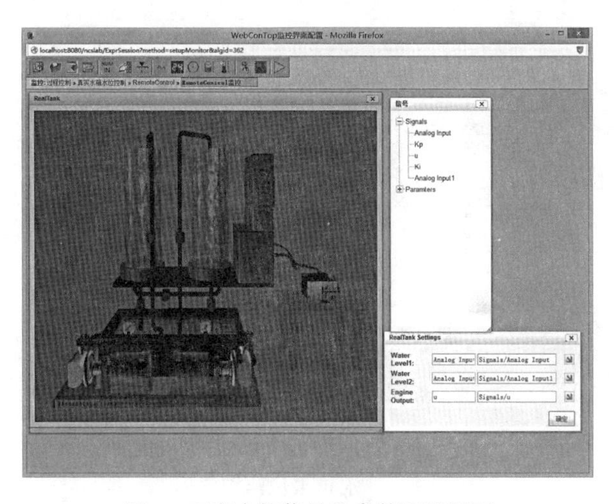

图 8　双容水箱信号和参数配置界面

(8)除了监控界面之外，水位曲线的实时变化(点击)和 PI 参数、给定值的设定(点击)都需要在配置界面完成，并选择好对应的信号和参数，设置好相关的取值范围，如图 9 所示。

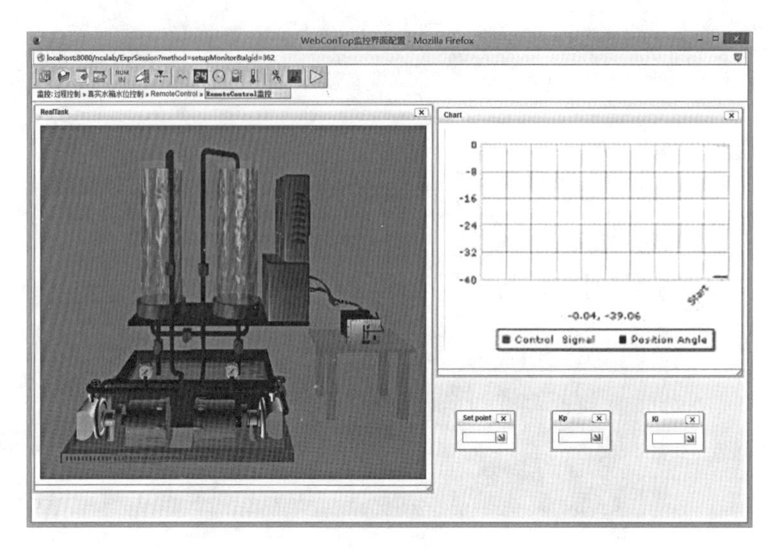

图 9　参数配置完成界面

(9)点击 ，就进入了监控界面，如图 10 所示，界面中实时显示了水位三维图，包含了水位以及 PI 输出的变化值，两个水箱水位变化实时曲线以及给定值和比例系数以及积分系数的设定框，这 3 个参数可以改变来调节水位变化情况。

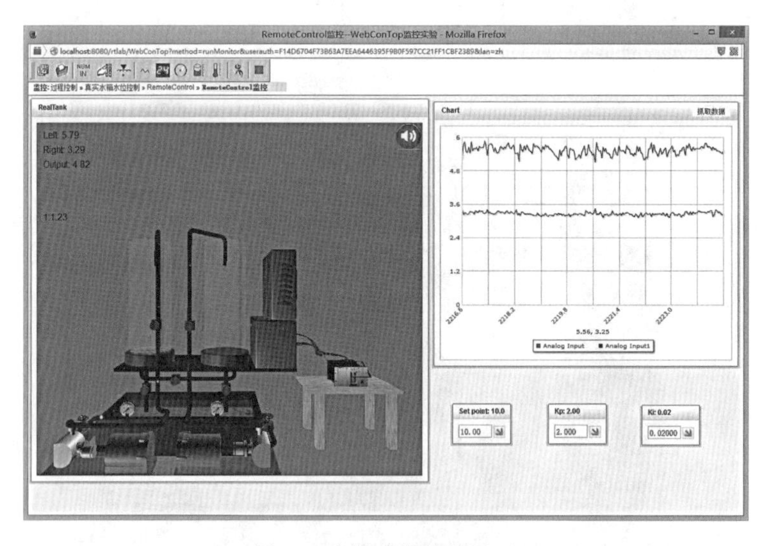

图 10　水箱水位监控界面

三、虚拟仿真实验教学中心设备控制说明

(一)大屏操作说明

1. 电源控制

电源控制箱第二排左起第一个、第二个空开控制(空开已标识)。

2. 拼接控制

控制机发出控制信号，保证演示机能够得到其对应的信号。

进入控制机德威雅文件夹，点击运行程序，如图 1 所示(如果程序已经打开，就跳过此步骤)。

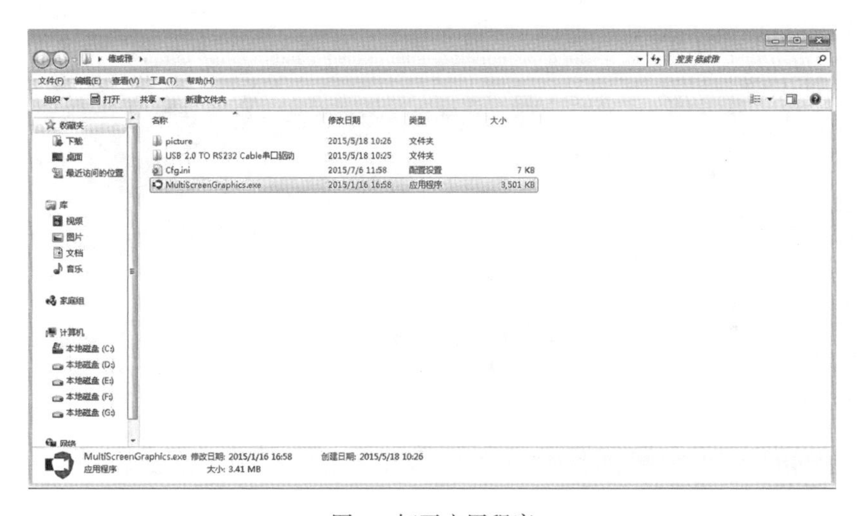

图 1　打开应用程序

打开串口，若正常就保持不变，若端口被占用就换 COM1 或者 COM3，“系统管理”界面如图 2 所示。初次使用需要在“通讯设置”里设置串口号。串口操作界面如图 3 所示，白色矩形框与拼接屏对应，矩形框变成蓝色表示已经选中对应的屏幕，点住鼠标左键并拖动鼠标可以选择多个矩形(多块屏)，可对选中的屏进行电源开、电源关、显示等操作。

矩阵输入通道中有“矩阵输入 1”到“矩阵输入 8”8 个信号输入，分别对应标号为 1~8 的信号输入线，选择“矩阵输入 X”点“执行”就能将与标号为 X 的信号线相连的电脑画面显示在大屏上。信号类型选择 HDMI，并选择通道。目前可用通道有 4、5、6，分

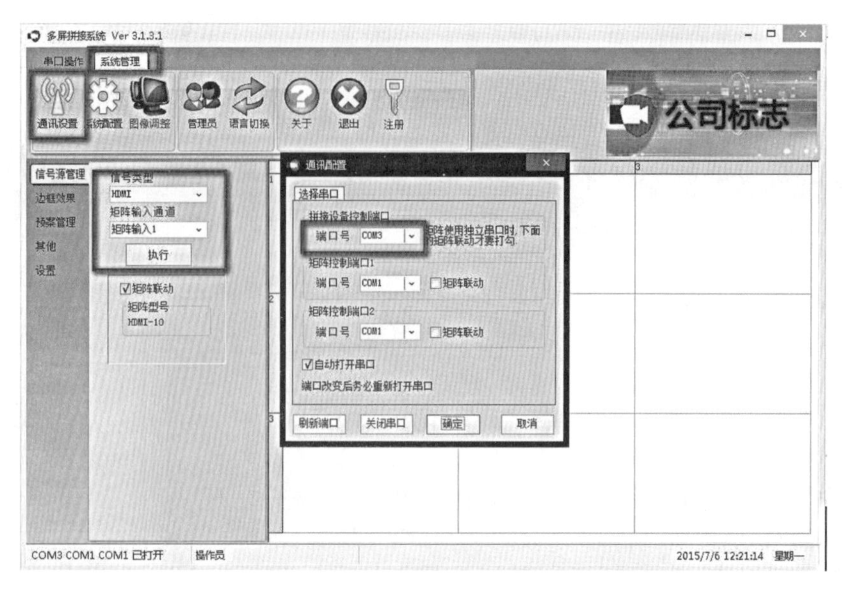

图 2

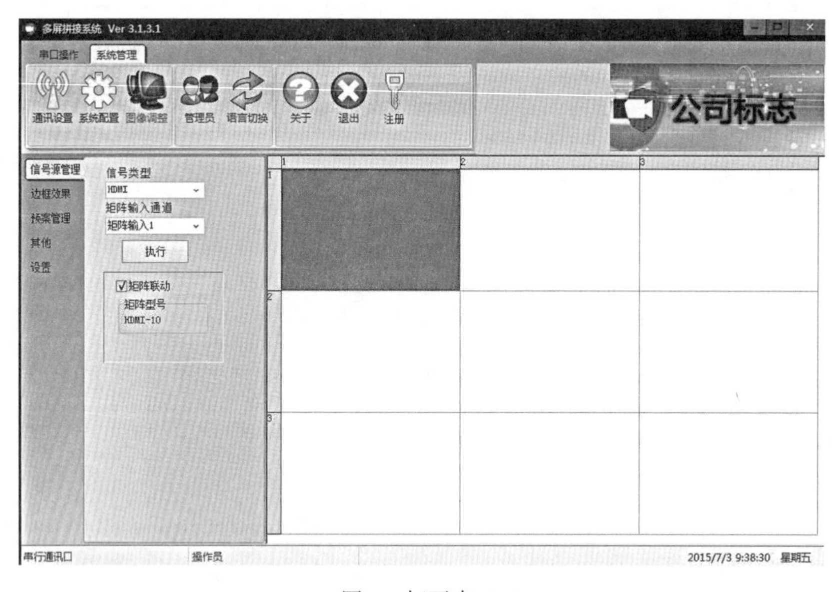

图 3　打开串口

别对应于演示机、调试机和服务器监视界面。单独选择 9 块小屏幕中的前 6 块，为视频信号，选择后三块，为音频信号，如图 4、图 5 所示(一定要分开选择，否则显示不完全)。

选择通道 4，用演示机操作，查看是否正常。

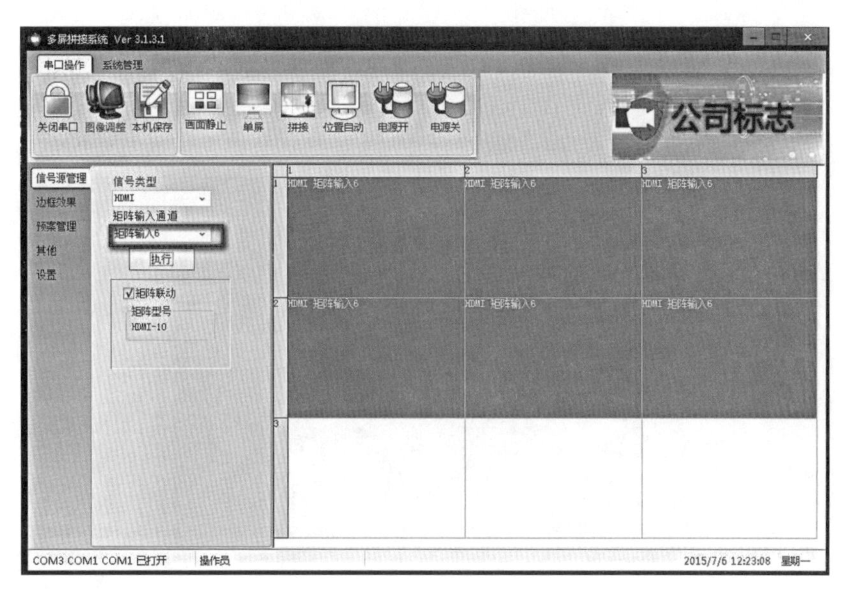

图 4　选择通道和视频信号

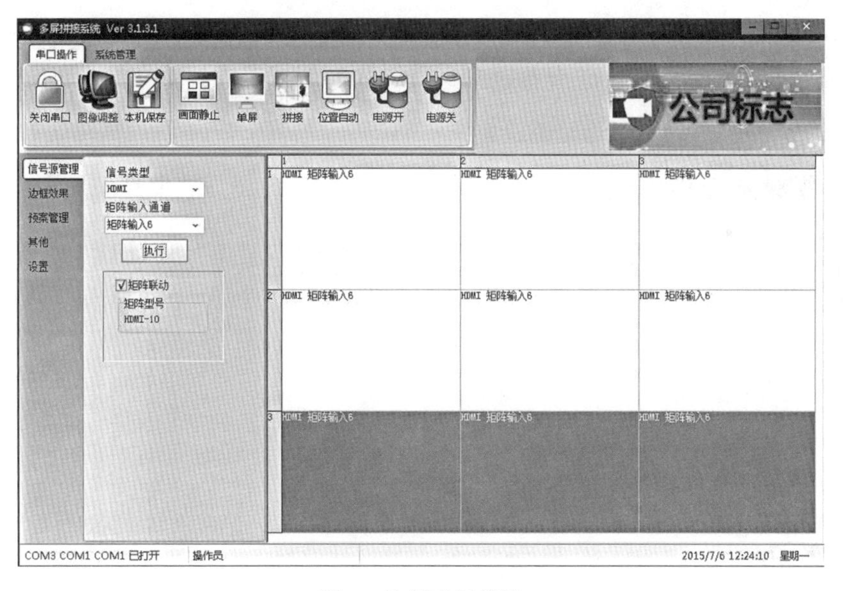

图 5　选择音频信号

选择通道 6，查看视频监控是否正常。

查看显示屏电源能否正常开启和关闭，如图 6 所示。

3. 演示机

演示机演示的条件是操作机正确设置并选择通道 4。

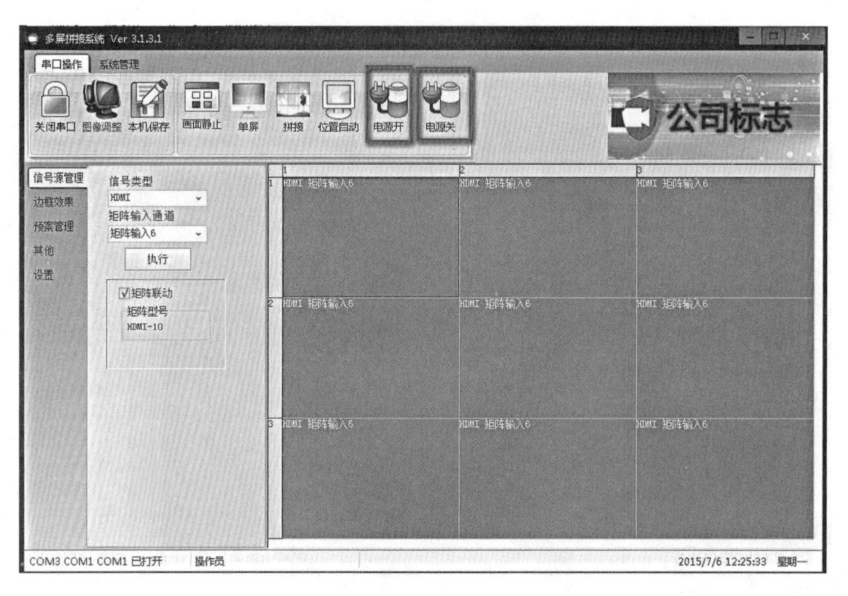

图 6　全选查看电源开关情况

(1)操作真实水箱远程操作实验，查看摄像头采集数据是否正常，摄像头是否闪烁，水箱设备是否正常。

(2)操作风扇 3 远程实验，查看摄像头采集数据是否正常，摄像头是否闪烁。发现任何问题，及时联系老师。

(二)视频监控操作说明

在屏幕任意地方单击鼠标右键将出现菜单选项：“主菜单”“单画面”“多画面”“上一屏”“下一屏”“开始轮巡”“开启录像”“添加 IP 通道”“回放”“云台控制”“快捷上网配置”“输出模式”。现介绍如下：

主菜单简介：

用户名：admin

密码：＊＊＊＊＊＊

主菜单的子菜单包括：“回放”“备份”“手动操作”“硬盘管理”“录像配置”“通道管理”“系统配置”“系统维护”“设备关机”。现介绍如下：

回放：选择摄像机名称、日期、时间点进行回放，可查看监控录像。

备份：选择 IP 通道和起止时间备份监控视频。

手动操作：手动录像，选择要录像的 IP 通道。

录像配置：为每一个 IP 通道配置录像的起止时间。

通道管理：新加摄像头时用到此功能，点自定义添加，输入摄像头 IP、名称等。

(三)UPS 电源操作说明

1. 操作显示面板

操作显示面板如图 7 所示。

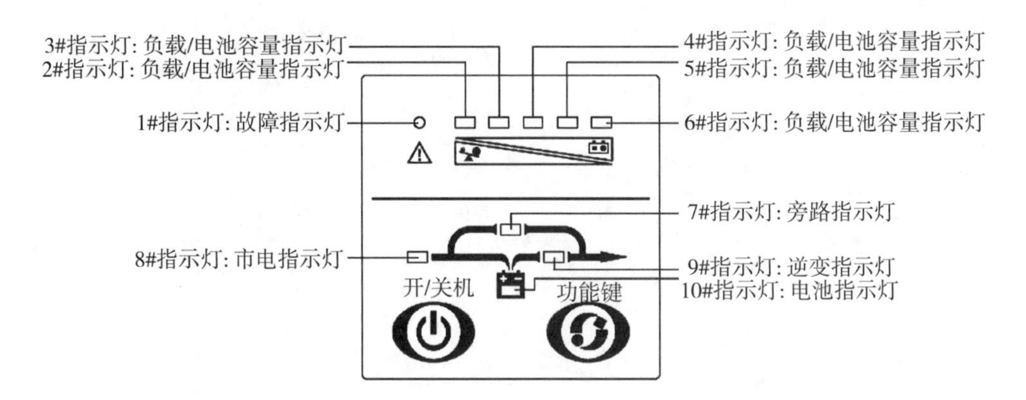

图 7　操作显示面板

(1)开/关机键。

开/关机键的主要功能介绍如下:

开机:按开/关机键 1 秒以上即可开机,开机成功 UPS 会发出一声鸣叫。

关机:当 UPS 处于市电模式、电池模式时,按开/关机键 1 秒以上即可关机。

清除故障:按开/关机键 3 秒以上即可清除故障状态。

(2)功能键。

功能键的主要功能介绍如下:

电池自检:在市电模式下,按功能键 2 秒以上可启动电池自检,执行电池自检操作。

电池模式下的消音:按功能键 2 秒可消除电池模式下的告警声,再持续按功能键 2 秒以上,告警音恢复。

所有模式下的消音:持续按功能键 10 秒以上实现静音功能,再持续按功能键 10 秒以上,告警音恢复。按键音与电池放电截止电压告警声(一秒一叫)不在静音范围内。

(3)LED 指示灯。

包括故障指示灯、负载/电池容量指示灯、旁路指示灯、市电指示灯、逆变指示灯、电池指示灯。见表 1。

2. 运行模式

UPS 的运行模式可分为市电模式、电池模式和旁路模式。

(1)市电模式,此时市电指示灯与逆变指示灯会亮,负载指示灯会根据所接的负载容量大小点亮。

表 1

<table>
<tr><th>面板灯号</th><th>指示灯名称</th><th>颜色</th><th>说明</th></tr>
<tr><td>1#</td><td>故障指示灯</td><td>红色</td><td>此灯亮表示 UPS 发生异常状况</td></tr>
<tr><td>2#</td><td>负载/电池容量指示灯</td><td>橙色</td><td rowspan="5">表示负责容量或电池容量；
1. 市电模式/旁路模式下仅表示负载容量，作为负载指示灯
2. 电池模式下仅表示电池容量，作为电池容量指示灯</td></tr>
<tr><td>3#</td><td>负载/电池容量指示灯</td><td>绿色</td></tr>
<tr><td>4#</td><td>负载/电池容量指示灯</td><td>绿色</td></tr>
<tr><td>5#</td><td>负载/电池容量指示灯</td><td>绿色</td></tr>
<tr><td>6#</td><td>负载/电池容量指示灯</td><td>绿色</td></tr>
<tr><td>7#</td><td>旁路指示灯</td><td>橙色</td><td>此灯亮表示负载电力直接由市电提供</td></tr>
<tr><td>8#</td><td>市电指示灯</td><td>绿色</td><td>此灯亮市电输入正常</td></tr>
<tr><td>9#</td><td>逆变指示灯</td><td>绿色</td><td>此灯亮表示市电或电池经逆变输出后为负载供电</td></tr>
<tr><td>10#</td><td>电池指示灯</td><td>橙色</td><td>此灯亮表示电池电能为负载供电</td></tr>
</table>

① 市电指示灯闪烁，表示零、火线接反或者没有接大地，UPS 仍工作于市电模式；若同时电池指示灯亮，表示市电的电压或频率已超出正常范围，UPS 已经工作在电池模式下。

② 若负载容量超过 100%，蜂鸣器半秒叫一次，提醒接了过多的负载，应该将非必要的负载逐一去除，直到 UPS 负载量小于 100%。

③ 若电池指示灯闪烁，则表示 UPS 未接电池或电池电压太低，此时应检查电池是否连接好，并按功能键 2 秒，进行电池自检。

(2)电池模式，此时电池指示灯和逆变指示灯亮；若接入异常之市电，市电灯会同时闪烁。电池容量指示灯会根据电池容量的大小点亮，注意电池模式下的负载指示灯会作为在后备时间内的电池容量水平指示。

① 在电池模式运行时，蜂鸣器每隔 4 秒鸣叫一次，若此时持续按功能键 2 秒以上，UPS 执行消音功能，蜂鸣器不再鸣叫报警，再持续按功能键 2 秒以上，报警恢复。

② 当电池容量减少时，发光的电池容量指示灯数目会减少，当电池电压下降至预警电位时(此时可保持大于 2 分钟的备用时间)，蜂鸣器每一秒鸣叫一次，提示用户电池容量不足，应抓紧进行负载操作并逐一去除负载。

③ 可以通过 UPS 不接市电，以检验后备功能。

(3)旁路模式，通过 WinPower 设置 UPS 使其工作在旁路状态。此时市电指示灯与旁路指示灯亮，负载指示灯会根据所接负载容量大小点亮。UPS 两分钟叫一次。

① 若市电指示灯闪烁，表示市电的电压或频率已超出正常范围或市电零、火线接反或者没有接大地。

② 其他面板指示灯与市电模式描述一样。

③ UPS 工作在旁路模式下时，不具备后备功能。此时负载所使用的电源是直接通

过电力系统经滤波供应的。

3. 操作

1)开关机操作

(1)开机操作，可分为：接市电 UPS 开机和未接市电 UPS 直流开机。

① 接市电 UPS 开机：接通市电，持续按开/关机键1秒以上，UPS 进行开机。开机时，UPS 会进行自检。此时，面板上负载/电池容量指示灯会全亮，然后从右到左逐一熄灭，几秒钟后逆变指示灯亮，UPS 已处于市电模式下运行。若市电异常，则 UPS 将工作在电池模式下。

② 未接市电 UPS 直流开机：无市电输入时，持续按开/关机键1秒以上，UPS 进行开机。开机过程中 UPS 动作与接市电开机时相同，只是市电指示灯不亮，电池指示灯会亮。

(2)关机操作，可分为：市电模式、电池模式。

① 市电模式下 UPS 关机：持续按开/关机键 1 秒以上，UPS 进行关机。若用 WinPower 设置市电逆变关机 UPS 转待机模式，UPS 无输出电压，若市电正常连接，市电灯亮，若市电断开，10s 后面板上负载/电池容量指示灯会全亮并逐一熄灭，最后面板无显示，UPS 无输出电压。

② 电池模式下的 UPS 关机：持续按开/关机键 1 秒以上，UPS 进行关机。关机时 UPS 会进行自检。此时，面板上负载/电池容量指示灯会全亮并逐一熄灭，最后面板无显示，UPS 无输出电压。

2)电池自检操作

UPS 运行期间，用户可通过手动启动电池自检来检查电池状态。启动自检的方法为：

一是，通过功能键。在市电模式下，持续按功能键 2 秒以上，直到听到蜂鸣器“嘀”的一声响，7#~10#指示灯循环闪烁，UPS 转电池模式，进行电池自检。电池自检默认持续时间 10 秒(用户也可通过 WinPower 设置)。电池自检期间，如发生电池故障，UPS 将自动转市电模式工作。

二是通过后台监控软件。用户可通过后台监控软件启动电池自检。

3)LED 显示与告警声

见表 2。

表 2

序号	工作状态		面板灯号显示										告警声
			1#	2#	3#	4#	5#	6#	7#	8#	9#	10#	
1	市电工作模式	0~35%负载量						●		●	●		无
2		36%~55%负载量					●	●		●	●		无
3		56%~75%负载量				●	●	●		●	●		无
4		76%~95%负载量			●	●	●	●		●	●		无
5		96%~105%负载量		●	●	●	●	●		●	●		无

续表

序号	工作状态		面板灯号显示										告警声
			1#	2#	3#	4#	5#	6#	7#	8#	9#	10#	
6	电池工作模式	0~25%电池容量		•							•	•	每一秒鸣叫一次
7		26~50%电池容量		•	•						•	•	每四秒鸣叫一次
8		51~75%电池容量		•	•	•					•	•	每四秒鸣叫一次
9		76~95%电池容量		•	•	•	•				•	•	每四秒鸣叫一次
10		95%电池容量		•	•	•	•	•			•	•	每四秒鸣叫一次
11	旁路工作模式			↑	↑	↑	↑	•	•	•			每两分钟鸣叫一次
12	市电工作模式过载，转旁路		•	•	•	•	•	•	•	•			长鸣
13	市电异常			↑	↑	↑	↑	•	↑	★	↑	↑	↑
14	电池工作模式过载，预警中		•	↑	↑	↑	↑	↑			•	•	每一秒鸣叫两次
15	电池工作模式过载，关断输出		•	•									长鸣
16	过湿		•					•	↑	↑			长鸣
17	逆变异常		•				•		↑	↑			长鸣
18	BUS 短路		•			•			↑	↑			长鸣
19	BUS 高压		•			•		•	↑	↑			长鸣
20	BUS 低压		•			•	•	•	↑	↑			长鸣
21	BUS 软起超时		•	•		•	•	•	↑	↑			长鸣
22	充电器输出电压过高		•		•				↑	↑			长鸣
23	整流器异常		•			•	•		↑	↑			长鸣
24	电池电压异常		↑	↑	↑	↑	↑	•				★	↑
25	市电输入零火线接反或未接大地			↑	↑	↑	↑	↑	↑	★	↑	↑	每两分钟鸣叫一次
26	充电板或电池损坏		•							↑	↑	★	每一分钟鸣叫一次
27	输出短路		•	•			•			↑			长鸣
28	风扇工作异常		•	•				•	↑	↑	↑		每一分钟鸣叫一次

4. 维护

1）电池维护：电池是UPS系统的重要组成部分。电池的寿命取决于环境温度和放电次数。高温下使用或深度放电都会缩短电池的使用寿命。

① 标准型内置电池为密封式免维护铅酸蓄电池。UPS在同市电连接时，不管开机与否，始终向电池充电，并提供过充、过放保护功能。

② 电池使用应尽量保持环境温度在15~25℃之间。

③ 若长期不使用UPS，建议每隔3个月充电一次。

④ 正常使用时，电池每4~6个月充、放电一次，放电至关机后充电。在高温地区使用时，电池每隔2个月充、放电1次，标准型UPS每次充电时间不得少于10小时。

⑤ 电池不宜个别更换。更换时应遵守电池供应商的指示。

⑥ 正常情况下，电池使用寿命为3~5年，如果发现状况不佳，则必须提早更换，电池更换必须由专业人员操作。

2）UPS的功能检查

每次现场维护时，均应对UPS进行常规功能检查，主要包括以下几个方面：

（1）检查UPS的工作状况：如市电正常，UPS应工作在市电模式；如市电异常，UPS应工作在电池模式。且两种工作状态下均无故障显示。

（2）检查UPS的运行模式切换：断开市电输入模拟市电掉电，UPS应切换到电池供电模式并正常运行；然后再接通市电输入，UPS应切换回市电模式并正常工作。

（3）检查UPS的指示灯显示：以上两项检查过程中，检查UPS的指示灯显示是否与其实际运行模式一致。

（4）服务器电源控制：电源控制箱第二排左起第三个空开控制。

四、仿真中心显示屏维护手册

本维护手册主要针对显示屏，保证显示屏能够正常显示所要展示的内容。维护主要包括以下两个方面。

(一)维护控制机

控制机发出控制信号，保证演示机能够得到其对应的信号。

(1)进入控制机德威雅文件夹，点击运行程序，如图1所示(如果程序已经打开，就跳过此步骤)。

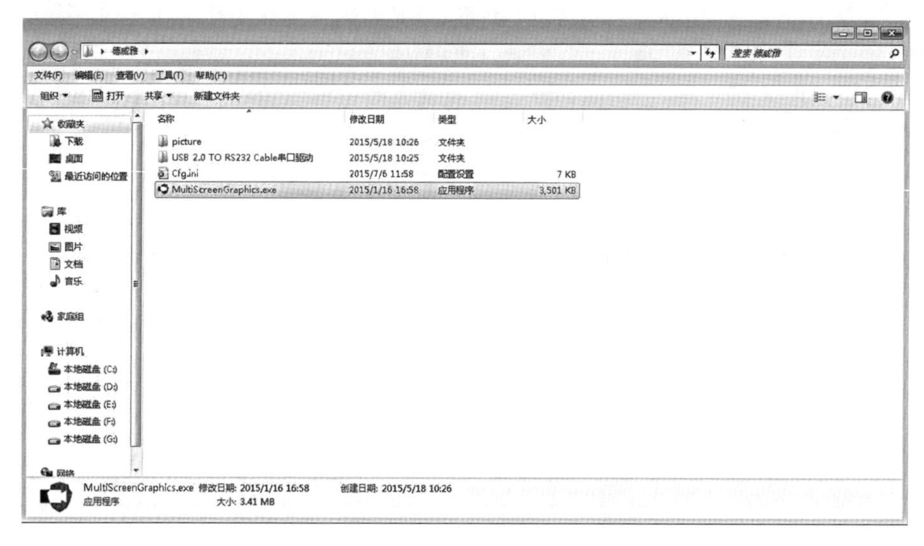

图1 打开应用程序

(2)打开串口，若正常就保持不变，若端口被占用就换COM1或者COM3，如图2所示。

(3)信号类型选择HDMI，并选择通道。目前可用通道有4、5、6，分别对应于演示机，调试机和服务器监视界面。单独选择9块小屏幕中的前6块，为视频信号，选择后三块，为音频信号，如图3、图4所示(一定要分开选择，否则显示不完全)。

(4)选择通道4，用演示机操作，查看是否正常。

(5)选择通道6，查看视频监控是否正常。

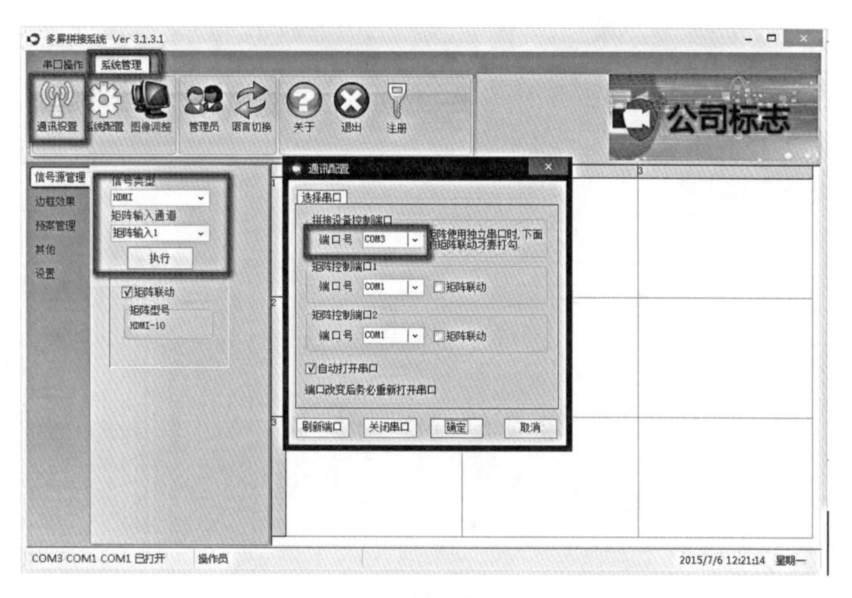

图 2　打开串口

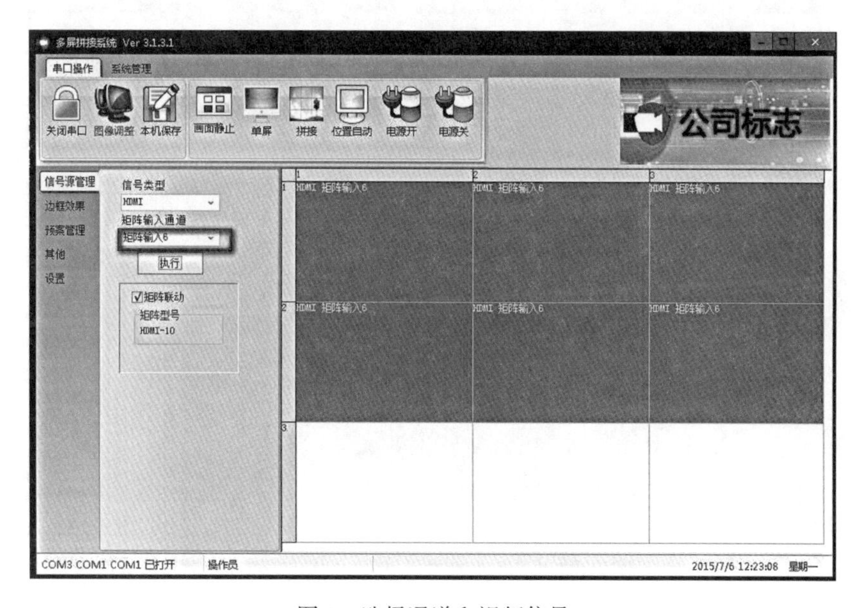

图 3　选择通道和视频信号

(6)查看显示屏电源能否正常开启和关闭，如图 5 所示。

(二)维护演示机

演示机演示的条件是操作机正确设置并选择通道 4。

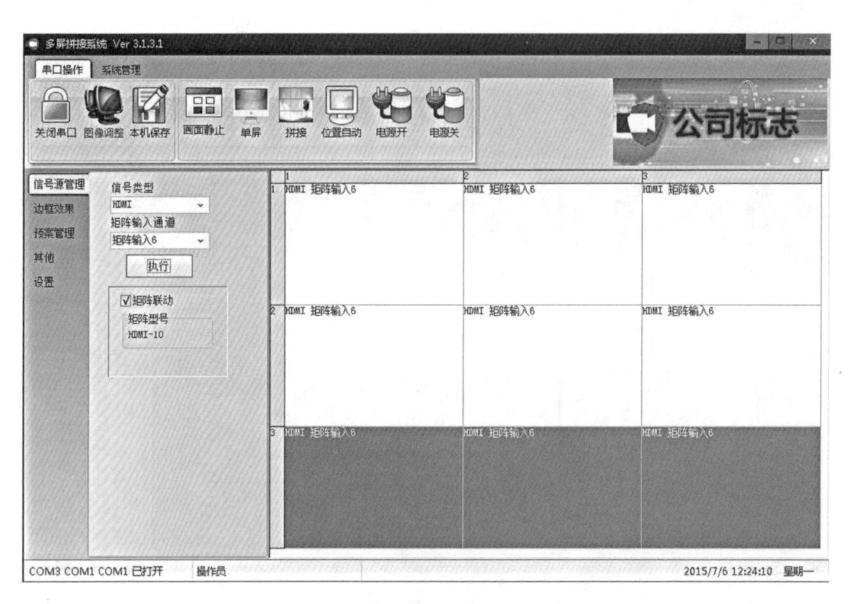

图 4　选择音频信号

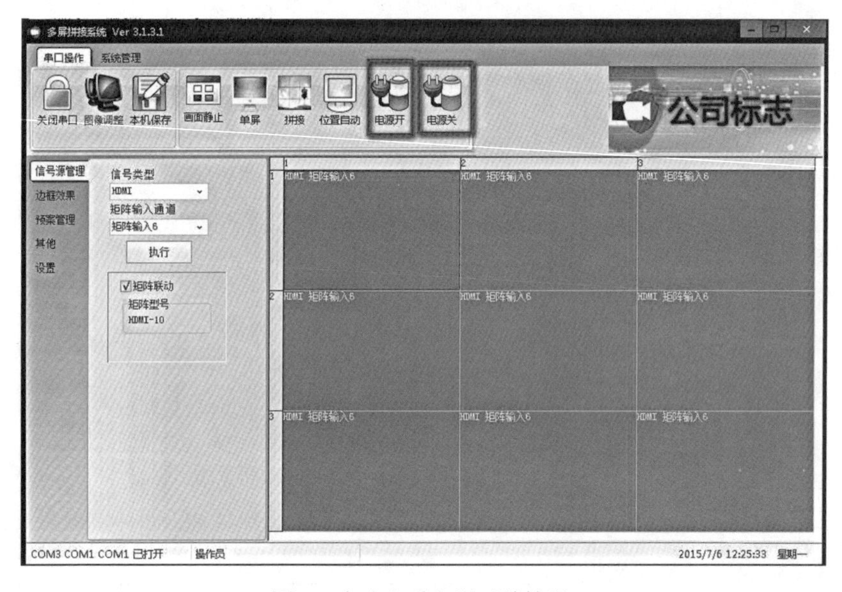

图 5　全选查看电源开关情况

操作真实水箱远程操作实验，查看摄像头采集数据是否正常，摄像头是否闪烁，水箱设备是否正常。

操作风扇 3 远程实验，查看摄像头采集数据是否正常，摄像头是否闪烁。发现任何问题，及时联系老师。

参 考 文 献

[1]高国桑，余文烋，彭康拥等．自动控制原理[M]．第四版．广州：华南理工大学出版社，2013.

[2]Gomes L，Garcia-Zubia J. Advances on remote laboratories and E-learning experiences [M]. Bilbao, Spain：Univ. Deusto Press，2007.

[3]Garcia-Zubia J，Alves G. R. Using remote labs in education：two little ducks in remote experimentation[M]. Bilbao，Spain：Univ. Deusto Press，2011.

[4]Azad A. K. M，Auer M. E，et al. Internet accessible remote laboratories：scalable E-learning tools for engineering and science disciplines[M]. Hershey，PA，USA：IGI Glob，2011.

[5]Hu W，Lei Z，Zhou H，et al. Plug-in free web-based 3-D interactive laboratory for control engineering education[J]. IEEE Trans. Ind. Electron，2017，64(5)：3808-3818.

[6]Hu W，Liu G.-P，Zhou H. Web-based 3-D control laboratory for remote real-time experimentation[J]. IEEE Trans. Ind. Electron，2013，60(10)：4673-4682.

[7]Hu W，Liu G.-P，Rees D，et al. Design and implementation of web-based control laboratory for test rigs in geographically diverse locations[J]. IEEE Trans. Ind. Electron，2008，55(6)：2343-2354.

[8]周洪，任正涛，胡文山等．基于 NCSLab 3D 的虚拟远程实验系统设计与实现[J]．计算机工程，2016，42(10)：20-25.

[9]周洪，刘超，何珊等．电力生产过程虚拟仿真实验教学中心建设与实践[J]．实验技术与管理，2014，31(8)：1-4.

[10]Lei Z，Zhou H，Hu W，et al. Modular web-based interactive hybrid laboratory framework for research and education[J]. IEEE Access，2018，6：20152-20163.

[11]Lei Z，Hu W，Zhou H. Deployment of a web-based control laboratory using HTML5[J]. Int. J. Online Eng，2016，12(7)：18-23.

[12]李恩良．虚拟现实与实体实验的一致性研究[D]．武汉：武汉大学，2015.

[13]Lei Z，Zhou H，Hu W. Combining MOOL with MOOC to promote control engineering education：experience with NCSLab[C]. IFAC-PapersOnLine，2019.

[14]Hu W，Zhou H，Liu Z.-W，et al. Web-based 3D interactive virtual control laboratory based on NCSLab framework[J]. Int. J. Online Eng，2014，10(6)：10-18.

[15]薛定宇．控制系统仿真与计算机辅助设计[M]．第二版．北京：机械工业出版社，2009.
[16] Ljung，L. 系统辨识——使用者的理论[M]．第二版．北京：清华大学出版社，2002.